나카무라 아카데미의

FOUR SEASONS
Desserts

사
계
절

양
과
자

∩ 나카무라 아카데미의

FOUR SEASONS
Desserts

사계절 양과자

BnCworld

인사말

일본의 양과자는 16세기에 유럽에서 전해져 왔습니다. 카스텔라가 대표적인 과자입니다. 이후 17세기부터 19세기 중반까지 해외와의 교류가 중단되었다가 19세기 후반이 되면서 다시 유럽에서 슈크림, 푸딩, 아이스크림, 초콜릿 등 다양한 과자가 전해졌습니다. 1970년대 이후에는 일본의 많은 젊은이들이 프랑스나 독일, 오스트리아, 이탈리아 등지에 가서 많은 고생을 하며 본고장의 기술을 몸에 익히고 귀국했습니다. 또 그들이 전한 양과자는 일본의 식문화나 식재료에 맞도록 변화해 갔습니다. 예를 들어 일본에서 탄생한 딸기 쇼트케이크나 다쿠아즈가 그렇습니다. 다쿠아즈는 프랑스의 전통 반죽 중 하나였지만 일본인 파티시에가 일본의 전통 화과자인 '모나카'에서 힌트를 얻어 변형한 것입니다. 지금은 프랑스에서도 일본에서 탄생한 레시피를 바탕으로 다쿠아즈를 만들고 있습니다. 또한 일본의 말차를 초콜릿이나 무스 등에 활발히 사용하는 등 일본의 양과자는 아시아의 여러 나라와 본고장인 유럽에서도 인기를 얻고 있습니다. 한국에서도 많은 일본 스타일 양과자점이 인기를 끌고 있습니다. 이런 양과자점 대부분이 나카무라 아카데미 졸업생이 경영하는 곳입니다.

일본의 나카무라 조리제과 전문학교는 1949년에 개교하여, 조리 교육뿐만 아니라 제과 제빵 교육에서도 큰 성과를 올리고 있습니다. 일본 최대의 제과 기술 콩쿠르인 Japan Cake Show Tokyo의 학생 부문에서 일본의 전문학교 중 최다수 입상자를 배출하고 있습니다. 또한, 조리 분야의 수많은 졸업생들이 미슐랭 가이드에서 별을 획득하고 있습니다.

나카무라 아카데미는 나카무라 조리제과 전문학교의 서울 분교로서 2009년에 개교했습니다. 현재 많은 졸업생들이 한국은 물론 해외에서도 활약하고 있습니다. 나카무라 아카데미 교육의 특징은 기본부터 응용까지의 섬세한 기술과 그 기술의 배경이 되는 이론 지도에 있습니다.

이번에 출간하게 된 『사계절 양과자』는 이러한 나카무라 아카데미 교육의 일부를 소개한 것입니다. 이 책이 한국의 제과 업계가 더욱 진보하고 발전하는 데 도움이 되었으면 좋겠습니다.

마지막으로 이 책을 제작하기 위해 많은 노력을 해 주신 비앤씨월드 여러분께 깊은 감사의 말씀을 올립니다.

나카무라 조리제과 전문학교
나카무라 아카데미 교장 **나카무라 테츠**

『사계절 양과자』의 출간을 진심으로 축하합니다.

저는 2005년부터 일본의 나카무라 조리제과 전문학교에서 제과 특별강사를 맡고 있습니다. 2009년 이 학교의 한국 서울 분교인 나카무라 아카데미가 개교한 후부터는 서울 아카데미의 특별 강사로도 수업을 하고 있지요.

한국의 양과자 수준은 2009년 당시와 비교하면 비약적으로 발전했습니다. 물론 가장 큰 이유는 한국 파티시에 분들의 노력 덕분이겠지만, 나카무라 아카데미의 영향력도 크다고 생각합니다. 나카무라 아카데미는 교장 선생님의 신념이 담긴 교육 내용을 우수하고 경험이 풍부한 선생님들이 전수하고 있어 일본 내에서도 높은 평가를 받고 있습니다. 또한 나카무라 아카데미 학생들의 열정적인 학습 태도는 일본에서도 대서특필될 정도로 특별합니다.

이러한 나카무라 아카데미의 양과자 기술을 소개한 이 책이 한국 양과자 업계에 한층 더 기여하기를 기대합니다. 더불어 나카무라 아카데미의 교육도 더욱 더 성장하기를 기원합니다.

노지마 시게루 野島茂

2003년 양과자 세계대회 La Coupe du Monde de la Pâtisserie에
일본 대표로 출전, 준우승
2004년 파크 하얏트 도쿄 페스트리 셰프
2005년 나카무라 조리제과전문학교 특별 강사
2007년 더 페닌슐라 도쿄 이그제큐티브 페스트리 셰프
2009년 나카무라 아카데미 특별 강사
2019년 그랜드 하얏트 후쿠오카 총주방장

목차

Lesson 1.
BASIC TECHNIC
제과 기본 반죽과 크림

Lesson 2.
SPRING
봄

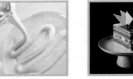

Lesson 3.
SUMMER
여름

INGREDIENTS

강력분 1, 박력분 2

밀가루는 경질밀가루와 연질밀가루로 나뉜다. 경질밀가루는 강력분이라 부르며 단백질 함량이 많아 글루텐이 많이 형성되기 때문에 빵이나 파이 반죽에 적합하다. 또 입자가 거칠어 잘 뭉치지 않기 때문에 덧가루로도 사용한다. 연질밀가루는 박력분이라 하며 단백질 함량이 낮은 연질밀을 원료로 한다. 글루텐이 적게 형성되어 끈기가 잘 생기지 않기 때문에 식감이 가벼운 제품을 만들 때 적합하며 제과에서 가장 많이 사용하는 밀가루이다. 입자가 미세해 금방 뭉치기 때문에 체에 쳐서 사용해야 한다.

설탕 3, 슈거파우더 4

사탕수수나 사탕무에서 추출, 정제한 원료를 설탕이라 하며 제과에서 빼놓을 수 없는 기본 재료이다. 단맛을 낼 뿐만 아니라 제품의 색을 내거나 부패와 노화를 방지하는 역할을 한다. 설탕 중에서도 양과자에 가장 많이 이용하는 것은 그래뉴당인데 정제도가 높고 큰 특징 없이 담백한 단맛을 지니고 있다. 이러한 설탕이나 그래뉴당을 좀 더 미세한 분말로 만든 것을 슈거파우더라고 한다. 쉽게 녹기 때문에 가열하지 않는 크림이나 수분이 적은 반죽에 사용하면 좋다. 이러한 분말은 습기가 있으면 쉽게 뭉치고 굳기 때문에 미량의 옥수수 전분이 첨가된 제품이 많다.

아몬드파우더 5

껍질을 벗긴 아몬드를 빻아 분말로 만든 것이다. 주산지는 미국이나 스페인으로 특히 마르코나종이 풍미가 좋다. 주로 구움과자에 사용되며 아몬드의 풍미를 낼 뿐만 아니라 자체적으로 함유하고 있는 유지방 성분으로 제품에 촉촉한 식감을 낼 수 있다. 반면 지방이 많아 산화되기 쉽기 때문에 고온 다습한 곳을 피해 보관한다.

베이킹파우더 6

열을 받으면 밀가루 반죽을 팽창시키는 팽창제의 일종으로 탄산수소나트륨(베이킹소다)에 녹말과 산 등의 보조제를 첨가하여 보다 사용하기 쉽게 만든 것이다. 오래되거나 보존 상태가 나쁜 것은 효과가 떨어질 수 있으니 보관에 주의가 필요하다.

소금 7

제과에서는 주로 단맛을 더욱 돋보이게 하기 위해 미량의 소금을 사용한다. 또한 글루텐을 강화시키는 역할도 하기 때문에 반죽에 탄력이 필요한 빵이나 파이 반죽에는 반드시 사용한다.

바닐라 빈 8, 바닐라 에센스 9, 바닐라 오일 10

바닐라 빈은 천연 바닐라 열매를 반복하여 발효, 건조시킨 향신료로, 특유의 달콤한 향을 지니고 있다. 바닐라 에센스와 오일은 천연 향료나 합성 향료로 만들며 일반적으로 가열하지 않는 제품에는 에센스를, 가열하는 제품에는 열을 가해도 향이 남는 오일을 사용한다.

버터 11, 발효 버터 12

생크림의 유지방을 농축한 것으로 유지방 약 85%와 수분 약 15%로 구성되어 있다. 소금 첨가 여부에 따라 가염 버터와 무염 버터로 나뉘는데, 제과에서는 주로 단맛에 중점을 두기 때문에 대부분 소금이 첨가되지 않은 무염 버터를 사용한다. 발효 버터는 제조 시 유산균을 첨가해 독특한 풍미와 감칠맛을 낸 버터로 주로 구움과자에 활용한다.

우유 13, 생크림 14

우유는 소젖을 가열 살균한 것으로 제과에서 빼놓을 수 없는 재료 중 하나이며 물 대신 사용하면 제품의 풍미가 좋아진다. 생크림은 우유에 포함된 유지방을 농축한 것으로 유지방 함량 20%부터 40%에 가까운 것까지 다양하지만 제과에서는 유지방이 높은 것(한국에서는 38%)을 사용하는 경우가 많다. 휘핑한 뒤 무스에 첨가하거나 제품의 마무리 장식에 사용한다. 휘핑을 너무 과하게 하거나 온도가 상승하면 물과 지방층이 쉽게 분리되기 때문에 주의해야 한다.

달걀 노른자 15, 달걀 흰자 16

달걀의 열응고성(熱凝固性) 외에도 노른자의 유화성(乳化性), 흰자의 기포성(起泡性)이라는 성질을 지녀 제과에서 빼놓을 수 없는 재료이다. 또한 반죽끼리 접착시키거나 제품에 광택을 낼 때도 사용한다. 드물게 식중독균인 살모넬라균이 존재할 수 있어 70℃ 이상에서 1분 이상 가열해 사용하는 것이 바람직하다.

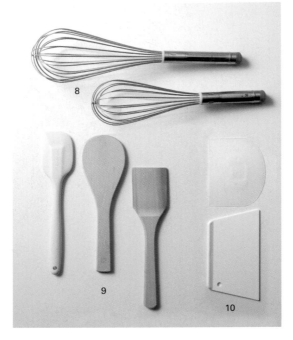

TOOLS | 사용한 도구

스탠드믹서 1

탁상에 놓고 사용하는 제과용 믹서를 말한다. 부속품으로 거품을 내기 위한 거품기, 좀 더 재료를 섞는 것에 중점을 두는 비터, 반죽을 치대는 훅이 있어 폭넓게 사용할 수 있다. 평평하고 안정감 있는 곳에 올려 사용해야 하며 가동 중일 때에는 믹서볼 안에 도구나 손을 넣지 않도록 주의한다.

핸드믹서 2

손에 쥐고 사용하는 전동식 거품기. 일반적으로 달걀이나 생크림 등을 휘핑해 거품을 내거나 재료를 섞을 때 사용한다. 스탠드믹서와 달리 소량을 만들 때도 사용이 가능하며 스탠드믹서와 같이 비터나 훅이 동봉된 제품도 있다.

저울 3

제과에서 재료를 정확히 계량하는 것은 아주 중요하다. 일반적으로 디지털식 전자저울을 사용하며 올바른 계량을 위해 1g과 0.1g 단위의 제품을 구비하는 것이 바람직하다. 저울은 평평한 곳에 두고 영점을 잘 맞춘 뒤에 계량한다.

볼 4

반죽을 만드는 데 필요한 필수 도구 중 하나이다. 재료 분량이나 용도에 맞게 사용할 수 있도록 다양한 크기의 볼을 구비하는 것이 좋다. 내구성과 내열·내한 기능이 있는 스테인리스나 폴리카보네이트 재질이 적합하다. 폴리카보네이트 재질의 경우 전자레인지에서 사용이 가능하다는 장점이 있으나 불에 직접 닿으면 변형되니 주의한다.

냄비 5

액체 재료나 반죽을 가열할 때 사용한다. 재료 분량에 맞게 다양한 사이즈를 구비하는 것이 좋다. 제과에서는 양쪽에 손잡이가 달린 양수 냄비보다 편수 냄비가 사용하기 편하다.

온도계 6

알코올 온도계, 디지털 온도계, 비접촉 온도계 등이 있다. 재료 중심의 온도를 잴 때는 접촉해 온도를 재는 디지털 온도계, 표면의 온도를 잴 때는 비접촉 온도계를 사용한다.

체 7

가루를 체 치거나 액체 속의 덩어리를 걸러낼 때 사용한다. 체의 망 간격이 넓은 것부터 아주 좁은 것까지 다양해 용도에 맞게 구비하여 사용한다. 소량의 가루를 체 칠 때는 차 거름망을 쓰면 편리하다.

거품기 8

달걀이나 생크림을 거품 낼 때 또는 재료들을 고루 섞을 때 사용한다. 거품을 내는 것이 목적일 때는 와이어의 개수가 많고 촘촘한 것이 좋으며 소재는 스테인리스가 적합하다. 또 반죽 양에 따라 알맞은 크기의 거품기를 사용하는 것이 좋다. 단단한 버터나 된 반죽을 거품기로 무리하게 휘저으면 망가질 수 있으니 주의한다.

주걱 9

그릇 안의 재료를 섞거나 반죽을 정리할 때 사용한다. 나무 주걱은 재료를 섞으면서 가열할 때 적합하고 고무 주걱은 그릇 안의 반죽을 모으거나 옮겨 담을 때 사용한다. 내열성이 있는 실리콘 주걱의 경우 모든 공정에 활용할 수 있으며 위생적이다.

스크레이퍼 10

재료를 섞거나 반죽을 평평하게 다듬고, 반죽을 긁어모으는 등의 작업을 할 수 있는 도구이며 카드라고도 부른다. 제품마다 크기와 모양, 경도가 다르니 용도에 따라 적합한 것을 고른다.

빵칼 11, 식칼 12

제과용 칼은 날이 얇고 폭이 균등하며 칼날의 길이가 길다. 톱니가 달린 빵칼은 파이 반죽이나 빵 등을 자를 때 적합하다.

스패튤러 13

팔레트 나이프나 아이싱 나이프라고도 부른다. 케이크에 크림을 펴 바르거나 케이크를 옮길 때에도 사용한다.

제스터 14

레몬, 오렌지 껍질 등의 제스트나 단단한 치즈 또는 초콜릿 등을 갈 때 사용한다.

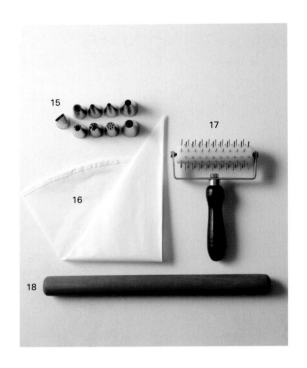

15

16

17

18

19

20

21

22

23

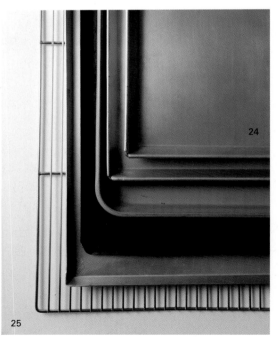

24

25

모양깍지 15

반죽이나 크림을 특정한 모양과 크기로 짜기 위한 도구이다. 짤주머니 앞부분을 깍지 크기에 맞추어 잘라 구멍을 낸 뒤 안쪽에 깍지를 넣고 끼워서 사용한다. 다양한 종류와 크기의 제품이 있으며 스테인리스로 된 둥근 모양깍지와 별 모양깍지는 크기 별로 모아 두면 활용도가 높다.

짤주머니 16

크림이나 반죽 등을 담아 원하는 모양과 크기로 짤 때 사용한다. 방수 가공한 천으로 만든 제품을 사용할 때는 사용할 때마다 세척·건조해야 한다. 반면 일회용 폴리에틸렌 제품은 위생적으로는 우수하지만 소재가 얇아 되직한 크림 또는 반죽을 짤 때 손상되기 쉽다.

피케 롤러 17

밀어 편 파이 반죽이나 사블레 반죽 위에 굴려 일정하게 구멍을 내는 도구이다. 구멍을 뚫음으로써 반죽이 구워질 때 부풀거나 들뜨지 않도록 한다.

밀대 18

파이 반죽이나 사블레 반죽을 밀어 펼 때 사용한다. 소재가 다양하지만 반죽이 잘 들러붙지 않는 나무소재 제품이 사용하기 편리하다. 단, 물로 세척하는 것은 되도록 피하고 필요한 경우에는 세척 후에 반드시 완전히 건조시켜 보관해야 한다.

원형 틀 19, 파운드케이크 틀 20

원형 틀은 주로 제누아즈를 만들 때 사용하며 케이크 틀이라 부른다. 원형 1호는 지름 12㎝이고 호수가 하나씩 올라갈 때마다 지름이 3㎝ 단위로 커진다. 파운드케이크 틀은 길쭉한 직사각형이며 주로 버터 반죽을 구울 때 사용한다.

타르트 틀 21

주로 사이즈가 큰 것을 타르트라 하고 작은 타르트는 타르틀레트라고 부른다. 바닥이 분리되는 틀 또는 바닥이 없는 틀이 제품을 분리하기에 편리하다.

무스 틀 22

바닥 없이 옆면만 있는 틀을 말한다. 사이즈와 모양이 다양하며 무스를 담아 굳히거나 제품을 원형으로 찍어낼 때, 혹은 제품을 조립할 때 사용한다.

실리콘 몰드 23

실리콘 수지 가공 몰드로 내열 온도의 폭이 넓어 높은 온도의 오븐에서 굽는 것뿐만 아니라 급속 냉동고에서 냉동도 가능하다. 다양한 모양의 제품이 있기 때문에 초콜릿, 무스, 구움과자 등에 폭넓게 활용할 수 있다.

베이킹팬 24

사이즈가 다양해 반죽의 양에 따라 적합한 크기의 제품을 사용한다. 이 책에서는 주로 43×34㎝ 사이즈의 팬을 사용하였다.

식힘망 25

다 구워진 반죽을 식히기 위한 것으로 주로 베이킹팬과 크기가 비슷하다. 원형 혹은 가로세로로 구멍이 뚫려 있다.

실리콘 매트 26

실리콘 수지 가공한 베이킹용 시트 중 하나이다. 일반 베이킹 시트와 사용법은 같지만 실리콘 재질의 경우 내열성과 내구성이 더 우수해 활용도가 높다.

베이킹 시트 27

유리 섬유를 테프론 가공해 내열성을 부여한 다회용 시트를 말한다. 베이킹팬에 얹은 뒤 반죽을 올려 구움으로써 반죽이 팬에 붙어 손상되는 것을 방지한다.

유산지 28

틀이나 베이킹팬 크기에 맞게 잘라 사용하는 제과용 종이이다. 유산지를 깔면 반죽을 구운 후 틀에서 잘 떨어진다. 제품의 표면이 건조되는 것을 방지하기도 한다.

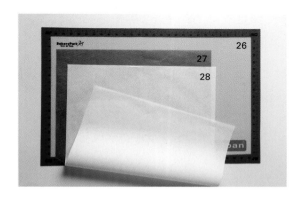

Lesson 1.

BASIC TECHNIC

제과 기본 반죽과 크림

스
펀
지
반
죽
／
공
립
법

⏻ ▶ 1 | PÂTE À GÉNOISE | 파트 아 제누아즈

제누아즈는 쇼트케이크(생크림케이크)에 사용되는 대표적인 스펀지 반죽으로
이탈리아 제노바에서 만들기 시작했다. 기본 제누아즈는 흰자와 노른자를 분리하지 않고
달걀 전체를 사용해 거품을 낸 뒤 녹인 버터를 넣는 공립법 스펀지 반죽을 말한다.
버터를 넣어 촉촉하고 깊은 맛이 난다.

Ingredients

지름 18㎝ 원형 케이크 틀(2호) 1개 분량

*

달걀 180g
설탕 90g
박력분 90g
버터 25g
바닐라 오일 적당량

How to make

1 달걀을 거품기로 잘 푼 다음 설탕을 섞고 중탕물
위에서 익지 않도록 저으면서 36~37℃까지 온도를
올린다.

2 중탕물에서 내려 핸드믹서를 사용해 반죽의 색이
밝아지고 볼륨감이 생길 때(*뤼방 상태, ruban)까지
고속으로 믹싱한다.

3 거품기로 저어 큰 기포를 터뜨리고 분산시킨다.

4 체 친 박력분을 넣고 고무주걱으로 날가루가 보이지
않을 때까지 반죽을 가르고 바닥부터 크게
떠 올리듯이 섞는다.

5 볼에 버터와 바닐라 오일을 넣고 중탕물에 올려 60℃
정도로 데운 다음 반죽에 넣어 골고루 잘 섞는다.

6 밑면과 옆면에 유산지를 간 지름 18㎝ 원형 케이크
틀에 반죽을 붓는다.

7 작업대 위에 가볍게 내리쳐 기포를 제거한다.

8 윗불과 아랫불 모두 170~180℃로 예열한 데크
오븐에 25분 정도 속까지 완전히 익도록 굽는다.

9 오븐에서 꺼내자마자 작업대 위에 틀째로 내리쳐
충격을 준 뒤 틀을 뒤집어 제누아즈를 분리하고
식힘망 위에서 식힌다.

Baking point.

뤼방(Ruban) 상태 *

뤼방은 프랑스어로 리본을 뜻한다. 달걀과 설탕을 휘핑해 충분히 거품을 낸 다음
거품기로 반죽을 들어 올려 ∞자를 그려 보았을 때 반죽이 천천히 흘러내리며 떨어진
모양 그대로 어느 정도 남아 있다가 사라지는 상태를 말한다. 이때 그린 ∞자가
리본 모양을 닮아 뤼방 상태라 부른다는 설과 떨어지는 반죽이 길게 이어지며
하늘하늘하게 떨어지는 모양이 리본을 닮아 뤼방 상태라 부른다는 이야기가 있다.

스펀지 반죽／별립법 ①

2 │ BISCUIT À LA CUILLÈRE │ 비스퀴 아 라 퀴이예르

비스퀴 아 라 퀴이예르는 노른자와 흰자를 분리하여 각각 거품을 올린 뒤 섞는 별립법 반죽이다.
흰자의 기포성을 이용하고 별도의 유지를 넣지 않기 때문에 식감과 맛이 가볍다. 오늘날은
반죽을 짤주머니에 담아 팬닝하지만, 과거에는 스푼(Cuillère)으로 떠서 팬닝했기 때문에
프랑스어로 '스푼 반죽'이란 뜻의 '비스퀴 아 라 퀴이예르'로 불린다. 비스퀴는 모든 반죽의
총칭으로 사용되는 경우가 많으며, '비스(bis)'는 '2번', '퀴(cuit)'는 '굽다'라는 뜻으로
옛날에 보존성을 높이기 위해 반죽을 2번 굽던 데서 유래되었다.

Ingredients

지름 15㎝ 원형 2개, 11×35㎝ 직사각형 1개 분량
*
노른자 60g
바닐라 오일 적당량
설탕A 30g
흰자 120g
설탕B 60g
박력분 90g
슈거파우더 적당량

How to make

1 노른자에 바닐라 오일을 넣고 잘 푼 뒤 설탕A를 넣고 거품기로 색이 밝아질 때까지 섞는다(*블랑시르, blanchir).

2 차가운 흰자를 볼에 담고 핸드믹서를 사용해 중고속으로 거품을 낸 뒤 설탕B를 2~3번에 나누어 넣으며 80%까지 휘핑해 머랭을 만든다.

3 거품기로 저어 큰 기포를 터뜨리고 분산시킨다.

4 노른자 반죽에 머랭 ⅓을 넣고 고무주걱으로 머랭이 보이지 않을 때까지 섞는다.

5 남은 머랭을 넣고 머랭이 약간 남아 있을 때까지 반죽을 가르듯이 섞는다.

6 체 친 박력분을 넣어 고무주걱으로 날가루가 보이지 않을 때까지 반죽을 가르고 바닥부터 크게 떠 올리듯이 섞는다.

7 지름 1.2㎝ 크기의 원형 깍지를 끼운 짤주머니에 반죽을 담아 베이킹 시트를 깐 오븐팬 위에 케이크 바닥과 테두리가 될 지름 15㎝ 원형 2개와 11×35㎝ 직사각형 1개를 짠다.

8 윗면에 슈거파우더를 가볍게 뿌린 뒤 반죽에 스며들면 한 번 더 뿌린다.

9 윗불과 아랫불 모두 200℃로 예열한 데크 오븐에서 8~10분 정도 굽는다.

Baking point.

❶ 블랑시르(Blanchir)*
　노른자와 설탕을 섞어 뽀얀 미색이 될 때까지 거품을 올리는 것을 말한다.
❷ 반죽에 슈거파우더를 뿌리면 볼륨감 있게 구워지며 겉은 바삭하고 속은 촉촉한 식감이 된다.

스 펀 지 반 죽 / 별 립 법 ②

---

3 | BISCUIT JOCONDE | 비스퀴 조콩드

달걀에 아몬드파우더와 설탕을 넣고 거품을 올린 뒤 머랭을 섞는 별립법 반죽이다.
조콩드란 이름은 레오나르도 다빈치의 유명한 작품 '모나리자'의 모델인 리자 델 조콩드의
이름에서 유래되었다고 한다. 박력분이 적게 들어가고 아몬드파우더가 많이 들어가기 때문에
촉촉하고 고소한 맛이 난다. 얇게 구워 내기 때문에 층이 있는 케이크 시트나
오페라 케이크의 베이스 등으로 널리 사용되고 있다.

Ingredients

60×40㎝ 철팬 1개 분량
*
아몬드파우더 150g
슈거파우더 150g
달걀 240g
박력분 40g
흰자 120g
설탕 30g
버터 30g

How to make

1 볼에 아몬드파우더, 슈거파우더, 달걀을 넣고 섞은 뒤
   거품기를 사용해 색이 밝아질 때까지 휘핑한다.
2 체 친 박력분을 넣고 날가루가 보이지 않을 때까지
   거품기로 떠 올리듯 섞는다.
3 다른 볼에 차가운 흰자를 넣고 핸드믹서를 사용해
   중고속으로 거품을 낸 뒤 설탕을 2~3번에 걸쳐
   나누어 넣으며 80%까지 휘핑해 머랭을 만든다.
4 속도를 저속으로 낮추어 큰 기포를 정리한다.
5 달걀 반죽에 머랭 ⅓을 넣고 거품기로 섞는다.
6 남은 머랭을 넣고 고무 주걱으로 섞는다.
7 반죽에 60℃ 정도로 녹인 버터를 넣고 섞는다.
8 실리콘 매트를 깐 60×40㎝ 철팬 위에 반죽을
   붓는다.
9 스패튤러로 평평하게 펼친다.
10 윗불과 아랫불 모두 190~200℃로 예열한
   데크 오븐에서 10~13분 정도 굽는다.

ⓤ ▶4   PÂTE SABLÉE | 파트 사블레

당분보다 유지(버터)를 많이 사용한 반죽이다. 포슬포슬하게 부서지며 입안에서 녹는 듯한
식감으로 파트 브리제(pâte brisée)와 함께 타르트 베이스로 많이 사용한다.
버터가 많은 배합의 반죽이기 때문에 재료를 고르게 분산시키는 것이 중요하고
반죽을 밀어 펴거나 다룰 때의 작업 속도, 작업실 온도 등의 환경을 잘 고려해야 한다.

Ingredients

지름 18㎝ 원형 타르트 틀 2~3개 분량
*

버터 150g
슈거파우더 125g
소금 2g
달걀 60g
바닐라 오일 적당량
박력분 250g

How to make

1 버터를 나무주걱으로 부드럽게 푼다.
2 슈거파우더와 소금을 넣고 핸드믹서로 색이 밝아질
  때까지 믹싱한다.
3 달걀에 바닐라 오일을 넣고 거품기로 잘 푼 다음 2에
  2~3번에 나누어 넣으며 섞는다.
4 체 친 박력분을 넣고 고무주걱으로 가볍게 섞은 뒤
  작업대 위에 쏟아 붓는다.
5 손바닥으로 반죽을 눌러 펴면서 가루가 보이지 않을
  때까지 재료를 균일하게 섞는다.
6 반죽을 둥글납작한 모양으로 만든 뒤 랩으로 감싸
  냉장고에서 30분~1시간 휴지시킨다.
7 반죽을 2~3등분한 다음 각각을 다시 치대 균일한 상태로
  만든다.
8 밀대를 사용해 반죽을 3㎜ 두께로 밀어 편다.
9 틀에 맞게 *퐁사주(fonçage)한다.
10 밀대를 이용해 여분의 반죽을 잘라 내고 포크나 스파이크
  롤러 등으로 반죽에 구멍을 낸다(*피케, piquer).
9 윗불과 아랫불 모두 170~180℃로 예열한 데크 오븐에
  15~20분 정도 굽는다.

 Baking point.

❶ 퐁사주(Fonçage)*
  일정한 두께로 밀어 편 반죽을 타르트 틀 위에
  올린 다음 틀 안쪽과 바닥에 맞게 밀착시키고 틀
  밖으로 빠져나온 반죽을 정리하는 작업이다.

❷ 피케(Piquer)*
  '음식 따위를 찍다'라는 뜻으로 반죽에 골고루 구멍을
  내는 것을 말한다. 반죽에 구멍을 내면 반죽이 구워지면서
  수축하거나 틀 바닥과 반죽 사이에서 팽창한 공기로 인해 들뜨는 것을 방지할 수 있다.
❸ 반죽이 부드러워 밀어 펴기 어려운 경우엔 반죽을 다시 냉장고에 넣어 차갑게 굳힌 뒤 사용한다.
❹ 반죽 위에 올리는 충전물이 묽을 경우엔 반죽이 샐 수 있어 피케를 생략하기도 한다.
❺ 굽는 시간은 반죽의 크기나 충전물에 따라 달라질 수 있다.

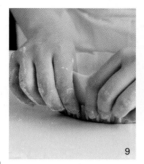

⚙ ▶5 │ PÂTE BRISÉE 파트 브리제

'브리제'는 프랑스어로 '깨뜨리다, 부수다'라는
뜻이다. 파트 브리제는 바삭하게 부서지는
식감의 반죽을 말하며 주로 타르트 베이스로
사용한다. 단맛이 없는 반죽으로 키슈와 같은
채소 타르트나 생크림, 우유 등 액체를 사용한
묽은 필링의 타르트에 적합하다. 반죽 재료는
모두 차가운 상태로 준비하고 작업 중에도
반죽의 온도가 올라가지 않도록 주의한다.

24

Ingredients

지름 18cm 원형 타르트 틀 2개 분량
*
박력분 250g
버터 125g
노른자 20g
물 60g
소금 2g

How to make

1 모든 재료를 각각 계량한 뒤 냉장고에 넣어 차가운
  상태로 보관한다.
2 작업대 위에 박력분과 버터를 올린 다음 스크레이퍼를
  이용해 버터에 박력분을 묻혀 가며 팥알 크기로 잘게
  자른다.
3 손바닥으로 버터와 박력분을 비비듯이 섞어 포슬포슬한
  상태로 만든다.
4 반죽을 한데 모으고 가운데 빈 공간을 만든 뒤 노른자,
  물, 소금을 넣는다.
5 스크레이퍼로 가운데 놓인 액체 재료와 주변의 가루를
  조금씩 섞어 나간다.
6 전체적으로 수분이 분산되고 반죽이 뭉쳐지기 시작하면
  반죽을 한 덩어리로 뭉친 뒤 스크레이퍼로 반을 잘라
  겹쳐 올리고 누른다. 반죽이 균일한 상태가 될 때까지
  같은 작업을 반복한다.
7 반죽 표면이 마르지 않도록 랩으로 감싼 뒤 냉장고에
  30분~1시간 동안 휴지시킨다.
8 휴지시킨 반죽을 밀대로 두드려 납작하게 만든 뒤 두께
  3mm 정도로 밀어 펴 피케한다.
9 반죽을 틀에 넣고 퐁사주한 뒤 여분의 반죽을 잘라 낸다.
10 초벌굽기가 필요한 경우 유산지를 올린 뒤 누름돌
  (타르트 스톤)을 담고 윗불과 아랫불 모두 190~200℃로
  예열한 데크 오븐에서 연한 구움색이 날 때까지 굽는다.

6 PÂTE À CHOUX | 파트 아 슈

'슈(Chou)'는 프랑스어로 '양배추'란 의미이다.
반죽 표면에 균열이 생긴 모양이 양배추와 닮았다 하여
이 반죽을 슈 반죽이라고 부르게 되었다고 한다.
굽기 전에 열을 가해 전분을 먼저 호화시키는 것이
가장 큰 특징이며 전분의 호화, 달걀의 유화,
반죽의 되기 조절, 짜는 방법, 굽는 방법까지
주의할 포인트가 많은 반죽이다.

26

Ingredients

지름 7cm 슈 약 16개 분량
*
물 50g
우유 50g
버터 70g
소금 1g
박력분 85g
달걀 3개

How to make

1 냄비에 물, 우유, 버터, 소금을 넣고 버터가 완전히
  녹고 전체적으로 끓어오를 때까지 가열한다.

2 불을 끄고 체 친 박력분을 넣어 나무주걱으로 가루가
  뭉치지 않도록 잘 섞는다.

3 냄비를 다시 중불에 올리고 반죽을 펼치듯 섞어 냄비
  바닥에 얇은 막이 생길 때까지 *호화시킨다.

4 반죽을 볼에 옮겨 한 김 식히고 잘 풀어 놓은 달걀을
  조금씩 넣어 가며 핸드믹서로 섞는다.

5 달걀의 양을 조절하여 반죽의 되기를 맞춘다. 주걱으로
  반죽을 들어 올렸을 때 반죽이 뚝 떨어지며 주걱 아래
  매끈한 이등변삼각형 모양으로 반죽이 남으면 적당한
  되기이다.

6 지름 4cm 원형 쿠키 커터에 덧가루(분량 외)를 묻힌 뒤
  베이킹팬에 자국을 낸다.

7 지름 1.2cm 크기의 원형 깍지를 끼운 짤주머니에
  반죽을 담아 철팬에 지름 4cm 원형으로 짠다.

8 분무기로 반죽 위에 물을 뿌린 뒤 200℃로 예열한
  오븐에서 35분 정도 굽는다.

Baking point.

호화(糊化)*
끓는 액체에 밀가루를 섞은 뒤 재가열하면 밀가루 속
전분 입자가 팽창하면서 반투명의 풀 상태로 변하는데
이 현상을 전분의 호화(α화)라고 한다.

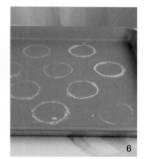

7 | PÂTE À CAKE | 파트 아 케이크

휘핑 과정에서 공기를 포집하는 버터의 크림성을 이용해 만드는 반죽이다. 기공이 조밀하고 촉촉하며 버터의 깊은 풍미가 특징이다. 반죽의 유지와 수분이 분리되지 않도록 버터와 달걀의 온도를 20℃ 정도로 맞추는 것이 중요하다. 영국에서는 버터, 설탕, 달걀, 박력분을 1파운드 (약 450g)씩 사용해 만들었다고 하여 파운드케이크라는 이름으로 알려져 있다. 프랑스에서는 카트르 카르(quatre-quarts)라고 부른다.

Ingredients

21×8×6㎝ 파운드틀 1개 분량

*

버터 120g
설탕 120g
달걀 120g
박력분 120g
베이킹파우더 2g

How to make

1 볼에 실온 상태의 부드러운 버터를 넣고 주걱으로
  부드럽게 푼다.
2 설탕을 넣고 핸드믹서로 색이 밝아질 때까지 믹싱한다.
3 잘 풀어 놓은 달걀을 조금씩 넣어 가며 섞는다. 조금
  넣은 달걀이 완전히 잘 섞이면 다시 달걀을 조금 넣고
  섞는 작업을 반복한다.
4 함께 체 친 박력분과 베이킹파우더를 넣는다.
5 주걱으로 날가루가 사라질 때까지 섞는다.
6 21×8×6㎝ 파운드 틀에 반죽을 넣고 가운데가 낮고
  양쪽이 높은 U자 모양으로 윗면을 정리한다.
7 윗불과 아랫불 모두 170℃로 예열한 데크 오븐에서
  50분 정도 굽는다.

Baking point.
❶ 달걀을 섞다가 반죽이 분리되어 더 이상 섞이지 않으면 박력분의 일부를 넣고 섞은 다음 남은 달걀을 마저 섞는다.
❷ 반죽을 가운데 높이가 더 낮게 U자 모양으로 팬닝하면 열이 골고루 전달되면서 가운데가 봉긋하게 부풀어 오른다.

⓪ ▶8 | PÂTE FEUILLETÉE | 파트 푀이테

파트 푀이테는 버터와 밀가루 반죽(데트랑프, Détrempe)을 밀어 펴고 접어 얇은 층이
번갈아 겹치게 만드는 반죽이다. '푀유(Feuille)'는 프랑스어로 '나뭇잎, 종잇장'이라는
의미로, 굽고 나면 종잇장처럼 얇은 층의 반죽이 겹겹이 부풀어 바삭하게 부서진다.
층이 균일해야 부드럽고 바삭한 식감으로 만들 수 있다.

Ingredients

강력분 250g   찬물 225~250g
박력분 250g   버터 50g
설탕 10g   충전용 버터 400g
소금 10g

How to make

[데트랑프]

1 볼에 함께 체 친 강력분과 박력분, 설탕, 소금을 넣고 잘
   섞은 뒤 작업대 위에 쏟아 붓는다.

2 가운데 공간을 만들고 찬물을 넣은 뒤 스크레이퍼로 물과
   주변의 가루를 조금씩 섞어 나간다.

3 반죽을 뭉쳐 한 덩어리로 만든 뒤 버터를 넣고 섞는다.

4 둥글게 성형한 뒤 십(十)자 모양으로 높이의 ½ 정도까지
   깊게 칼집을 낸다.

5 칼집 낸 부분을 펼쳐 납작한 정사각형 모양을 만들고
   랩으로 감싼 뒤 냉장고에 1시간 이상 휴지시킨다.

[파트 푀이테]

6 충전용 버터를 밀대로 두드려 버터의 표면과 내부의 되기를
   균일하게 맞춘다.

7 비닐 사이에 충전용 버터를 넣고 약 20×20㎝ 크기의
   정사각형으로 밀어 편 뒤 냉장고에 넣어 단단하게 굳힌다.

8 충전용 버터를 감쌀 수 있도록 데트랑프를 약 30×30㎝
   크기의 정사각형으로 밀어 편다.

9 데트랑프 위에 충전용 버터를 마름모꼴로 올린다.

10 반죽의 모서리를 접어 올려 버터를 감싼 뒤 이음매를 잘
   봉한다.

11 반죽을 45㎝ 정도 길이로 밀어 편 뒤 3절 접기 한다.

12 반죽을 90° 돌려 다시 45㎝ 정도 길이로 밀어 편 뒤 4절
   접기하고 냉장고에서 1시간 이상 휴지시킨다.

13 11, 12 공정(3절 접기 1회-4절 접기 1회-휴지)을 한 번 더
   반복한다.

14 반죽을 두께 3㎜ 정도로 밀어 편 뒤 원하는 모양으로
   성형해 윗불과 아랫불 모두 200℃로 예열한 데크 오븐에서
   10분 이상 굽는다.

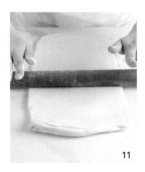

Baking point. 3절 접기와 4절 접기를 2회 반복하는 대신, 3절
접기를 6회 할 수도 있다(3절 접기 2번이 1세트).

⊕ ▶ 9 | PÂTE À DACQUOISE | 파트 아 다쿠아즈

흰자로 거품을 올린 머랭에 아몬드파우더 등의 가루와 슈거파우더를 더해 만든 반죽이다.
구움과자 다쿠아즈를 만드는 반죽이면서 케이크의 베이스로 사용하기도 한다.
슈거파우더를 뿌려 굽기 때문에 겉은 바삭하고 속은 부드러운 식감이 특징이다.
가루와 머랭을 섞는 정도에 따라서 식감이 크게 달라진다.

Ingredients

다쿠아즈 12개(24장) 분량

*

흰자 180g
설탕 50g
아몬드파우더 110g
슈거파우더 110g
박력분 30g
슈거파우더 적당량

How to make

1 차가운 흰자에 설탕을 2~3번에 나누어 넣으며 핸드믹서로
   90%까지 휘핑해 머랭을 만든다.
2 함께 체 쳐 차갑게 보관한 아몬드파우더, 슈거파우더,
   박력분을 넣고 주걱으로 가르고 바닥부터 크게 떠 올리듯이
   섞는다.
3 다쿠아즈 틀을 실리콘 매트를 올린 베이킹팬 위에 올리고
   분무기로 물을 뿌려 적신다.
4 지름 1.2㎝ 크기의 원형 깍지를 낀 짤주머니에 반죽을 넣어
   틀에 짠 뒤 스패튤러로 윗면을 평평하게 정리한다.
5 대나무 꼬챙이를 반죽과 틀 사이에 넣어 분리시킨 뒤 틀을
   제거한다.
6 슈거파우더를 2회 뿌린 뒤 윗불과 아랫불 모두 190℃로
   예열한 데크 오븐에 넣고 14분 정도 굽는다.

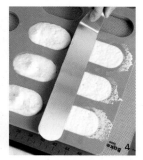

Baking point.

❶ 설탕의 양이 적기 때문에 머랭이 버글거릴 수 있으므로 주의가 필요하다.
   기포가 조밀하고 균일하며 가벼운 머랭을 만드는 것이 포인트이다.
❷ 가루류(아몬드파우더, 슈거파우더, 박력분)는 함께 체 친 뒤 사용 전까지 냉장고에 차갑게 보관한다.
❸ 머랭과 가루를 섞을 때는 가루가 뭉쳐 덩어리지지 않도록 빠르게 섞어야 한다.
❹ 반죽은 적당하게 섞어야 촉촉한 식감으로 완성된다. 반죽에서 광택이 나고,
   주걱으로 섞는 손에 묵직한 느낌이 드는 순간 작업을 멈춰야 한다.
   과하게 섞으면 반죽 속 기포가 사라져 단단한 식감이 되고, 덜 섞으면 오븐 안에서는 열을 받아
   부풀어 오르지만 오븐에서 꺼낸 뒤에는 팽창하는 힘이 사라지면서 가라 앉아 두께가 얇아질 수 있다.

☁ ▸ 1 │ CRÈME CHANTILLY │ 크렘 샹티이

생크림에 설탕을 넣어 거품을 올리는 크림으로, 생크림 100g에 설탕 7~8g을 넣는 것이
표준이다. 여기에 바닐라 또는 리큐어를 넣어 향을 더하기도 한다. 생크림의 특성상
얼음물 위에서 휘핑해야 조밀하면서 안정적인 상태로 만들 수 있다. 주로 케이크 겉면에
아이싱하거나 파이핑해 데커레이션하는 용도로 사용한다. 이 책에서는 크렘 샹티이에
마스카르포네 치즈를 첨가한 응용 버전 역시 크렘 샹티이로 지칭했다.

Ingredients

생크림 300g
설탕 21g
바닐라 에센스 적당량

How to make

1 볼에 생크림, 설탕, 바닐라 에센스를 넣고 섞는다.
2 얼음물에 올리고 거품기에 크림이 잘 닿도록 볼을
   기울여 휘핑한다.

Baking point.

❶ 휘핑할 때 크림의 온도는 5~10℃가 적합하다.
❷ 스테인리스 볼을 사용할 때 거품기 날이 볼에 닿아 긁히면 철가루가 나올 수 있으므로 주의해야 한다.
❸ 과하게 휘핑하면 크림이 분리되어 작업이 어려워지고 식감도 나빠지므로 주의한다.
❹ 마스카르포네 치즈를 첨가할 경우, 마스카르포네 치즈와 설탕을 먼저 섞어 부드럽게 푼 뒤
   생크림을 넣고 휘핑해야 덩어리가 남지 않는다.

크림 용도에 따른 휘핑 정도

아이싱용 크림
거품기로 들어 올렸을 때
천천히 떨어지는 정도(약 60~70%)

파이핑용 크림
거품기로 들어 올렸을 때
뿔이 서 있는 정도(약 70~80%)

필링용 크림
거품기로 들어 올렸을 때 떨어지지 않을
정도로 단단한 상태(약 90~100%)

☁ ▶ 2 | CRÈME PÂTISSIÈRE | 크렘 파티시에르

노른자에 설탕, 밀가루 혹은 옥수수 전분을 섞은 뒤 데운 우유를 넣고 되직해질 때까지 끓이는 크림이다. 크렘 파티시에르는 프랑스어로 '제과사의 크림'을 뜻해 제과의 가장 기본이 되는 크림이며 대중에게 '커스터드 크림'이라는 이름으로 알려져 있다. 매끄럽게 마무리하기 위해서는 어느 정도 강한 불에서 부글부글 끓을 때까지 바닥을 잘 저으면서 가열하는 것이 포인트이다. 노른자를 사용해 세균이 번식하기 쉬운 크림이므로 크림을 제조하고 관리할 때 위생에 주의를 기울여야 한다.

Ingredients

우유 500g
바닐라 빈 적당량
노른자 100g
설탕 100g
박력분 50g
버터 30g

How to make

1 냄비에 우유, 바닐라 빈의 씨와 깍지를 넣고 끓어오르기
   직전까지 가열한다.
2 볼에 노른자와 설탕을 넣고 색이 밝아질 때까지 섞는다.
3 체 친 박력분을 넣고 섞는다.
4 데운 우유를 조금씩 부어 가며 잘 섞는다.
5 체에 내린 뒤 다시 냄비에 넣고 불에 올린다.
6 바닥이 타지 않도록 골고루 저으면서 끓인다.
7 끓어오르고 점성이 생겼던 반죽이 조금 더 부드럽게
   풀리며 광택이 나면 불을 끈 뒤 버터를 넣고 섞는다.
8 즉시 트레이에 옮겨 얇게 펼친 뒤 표면이 건조되지
   않도록 랩을 밀착시키고 바로 냉장고에 넣어 식힌다.
   또는 끓인 크림을 볼에 옮긴 뒤 얼음물 위에 올려
   빠르게 식힌다.
9 사용하기 전에 체에 내려 부드럽게 푼 뒤 사용한다.

🍞▶3 CRÈME D'AMANDES | 크렘 다망드

버터, 설탕, 달걀, 아몬드파우더를 거의 동량으로 섞어서 만드는 크림이다.
아몬드파우더를 듬뿍 넣은 고소한 맛의 크림으로 달걀을 넣기 때문에 익혀야 한다.
주로 타르트 필링으로 활용하며 크렘 파티시에르를 섞어 좀 더 부드럽고 달콤한
크렘 프랑지판(Crème Frangipane)을 만들어 사용하기도 한다.

Ingredients ─────────────────────

버터 100g
설탕 100g
소금 적당량
바닐라 오일(또는 리큐어) 적당량
달걀 100g
아몬드파우더 100g

How to make ─────────────────────

1 실온 상태의 부드러운 버터에 설탕, 소금, 바닐라 오일을
   넣고 섞어 크림 상태로 만든다.
2 잘 풀어 둔 실온 상태의 달걀을 조금씩 넣어 가며 섞는다.
3 아몬드파우더를 넣고 섞는다.
4 랩을 밀착시킨 뒤 냉장고에서 휴지시킨다.

▶
Baking point.

❶ 크림을 만들 때는 모든 재료와 환경의 온도를 20℃ 전후로 맞추는 것이 좋다.
❷ 공기를 과하게 포집하면 구울 때 지나치게 부풀어 오를 수 있어 섞을 때 주의해야 한다.
❸ 바닐라 오일은 버터와 함께 섞고, 리큐어를 사용하는 경우 아몬드파우더를 섞은 뒤 공정 마지막에 섞는다.
❹ 달걀이 차갑거나 덜 풀린 상태에서 넣으면 크림이 분리될 수 있으므로 주의한다.
❺ 달걀을 섞다가 크림이 분리되기 시작하면 분량의 아몬드파우더 중 절반을 먼저 넣고 섞는다.
❻ 휴지시킨 뒤에 사용하면 부푸는 현상이 줄고 안정화되니 냉장고에서 하루 정도 보관한 뒤에 사용하는 것이 좋다.

4 CRÈME ANGLAISE 크렘 앙글레즈

크렘 앙글레즈는 프랑스어로 '영국풍의 소스'라는 뜻이다. 보통 우유에 바닐라를 더하고
달걀노른자와 함께 섞은 뒤 가열해 농도를 걸쭉하게 만드는 바닐라 풍미의 크림을 말한다.
크렘 앙글레즈는 따뜻한 상태와 차가운 상태로 모두 사용할 수 있어 제과에서 광범위하게
활용된다. 또한 맛이 크게 도드라지지 않아 과일, 초콜릿 등 다양한 재료와도 잘 어울린다.
아이스크림, 바바루아, 무스의 베이스, 디저트용 소스 등에 사용된다.

Ingredients

우유 500g
바닐라 빈 ¼개
노른자 100g
설탕 100g

How to make

1 냄비에 우유, 바닐라 빈의 씨와 껍질을 넣고 끓어오르기
   직전까지 데운다.
2 볼에 노른자를 넣고 거품기로 잘 푼 뒤 설탕을 넣고
   색이 밝아질 때까지 섞는다.
3 데운 우유를 조금씩 나누어 넣으며 섞는다.
4 다시 냄비에 넣고 약불에서 잘 저어 가며 83℃까지
   가열해 걸쭉한 농도의 소스를 만든다. 가열할 때 절대
   끓어오르지 않도록 주의한다.
5 체에 거른다.
6 얼음물 위에 올려 빠르게 식힌다.

Baking point. 크렘 파티시에와 같이 세균이 번식하기 쉬운
크림이므로 위생 관리에 주의한다.

5 PÂTE À BOMBE | 파트 아 봉브

아파레유 아 봉브(Appareil à bombe)라고도 한다. 노른자가 뽀얗게 될 때까지 거품을
올린 뒤 뜨거운 시럽을 흘려 넣으면서 휘핑하거나 모든 재료를 섞은 뒤 중탕으로 80℃까지
온도를 올리고 휘핑해 조밀하게 거품을 낸다. 주로 무스나 아이스크림, 버터크림의
베이스로 사용하며 깊고 달콤한 맛을 낸다.

Ingredients

물 60g
설탕 250g
노른자 150g

How to make

[시럽법]

1 냄비에 물과 설탕을 넣고 끓인다.
2 시럽이 끓는 동안 볼에 노른자를 넣어 볼륨감이 생길
  때까지 뽀얗게 거품을 올린다.
3 시럽의 온도가 115℃까지 올라가면 2의 볼 옆면을 따라
  시럽을 조금씩 부어 가며 고속으로 휘핑한다.
4 시럽을 다 넣으면 시럽으로 인해 뜨거웠던 볼이 식고
  크림에 볼륨감이 생길 때까지 고속으로 휘핑한다.

[중탕법]

1 설탕과 물을 섞는다.
2 노른자가 담긴 볼에 1을 넣고 잘 섞은 뒤 중탕물 위에
  올려 저으면서 80℃까지 온도를 올린다.
3 체에 거른다.
4 고속으로 볼륨감이 생길 때까지 휘핑하며 온도를
  낮춘다.

[시럽법]

[중탕법]

Baking point. 시럽을 끓일 때 냄비 옆면에 묻은 시럽을 물에
적신 붓으로 닦아 내며 끓인다.

6 | MERINGUE ITALIENNE   머랭그 이탈리엔느

머랭그 이탈리엔느는 '이탈리안 머랭'이라고도 부르며 흰자에 뜨겁게 끓인 시럽을 넣고 만드는 머랭이다.
단단하고 조밀하면서도 점성이 있는 질감으로 과자를 만들 때 가장 많이 사용하는 머랭이다.
무스나 버터크림의 베이스로 사용하기도 하고 케이크나 타르트에 데커레이션할 때
단독으로 아이싱하거나 파이핑하여 쓰기도 한다.

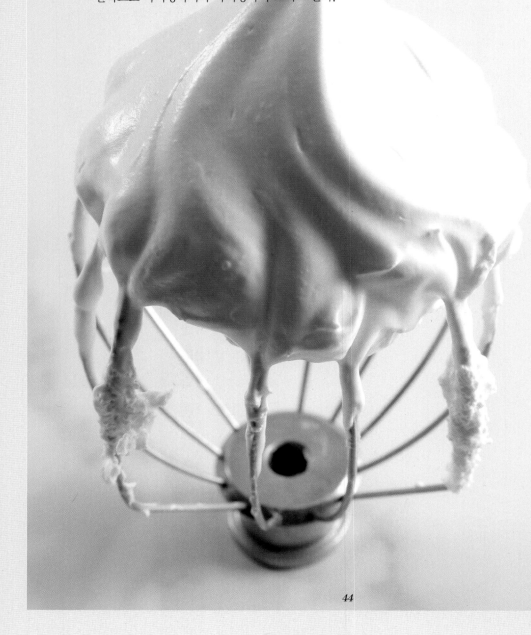

44

Ingredients

물 50g
설탕A 180g
흰자 100g
설탕B 20g

How to make

1 냄비에 물과 설탕A를 넣고 117℃까지 끓인다.
2 시럽을 끓이는 동안 볼에 흰자와 설탕B를 넣고
　휘핑한다.
3 시럽의 온도가 117℃까지 오르면 2의 볼 옆면을 따라
　시럽을 조금씩 부어 가며 고속으로 섞는다.
4 시럽을 다 넣으면 시럽으로 인해 뜨거웠던 볼이 식고
　머랭에 볼륨감이 생길 때까지 고속으로 믹싱한다.
　머랭에 광택이 있고 거품기로 들어 올렸을 때 뿔이
　단단하게 서면 완성된 것이다.

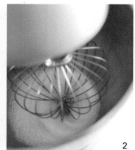

Baking point.
❶ 시럽을 끓일 때 냄비 옆면에 묻은 시럽은 물에 적신 붓으로 닦아 낸다.
❷ 시럽을 넣고 휘핑해 머랭이 어느 정도 완성된 뒤에도 잔열이 없어질 때까지
　계속 휘핑해 식혀야 기포를 안정화시킬 수 있다.

CRÈME AU BEURRE 크렘 오 뵈르

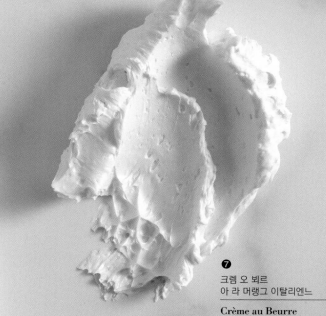

❽
크렘 오 뵈르
아 라 파트 아 봉브

**Crème au Beurre
à la Pâte à Bombe**

❼
크렘 오 뵈르
아 라 머랭그 이탈리엔느

**Crème au Beurre
à la Meringue Italienne**

❾
크렘 오 뵈르
아 랑글레즈

**Crème au Beurre
à l'Anglaise**

7

**크렘 오 뵈르
아 라 머랭그 이탈리엔느**

머랭과 버터를 섞어 만든 버터크림으로, 머랭의 안정된 기포로 인해 폭신한 식감을 가지며 맛이 가볍다. 보형성(형태를 유지하려는 성질)이 뛰어나 실온 보관을 하는 과자에 주로 사용한다. 맛이 담백하여 과일과 같은 상큼하고 가벼운 재료와 맛이 잘 어우러진다. 노른자가 들어가지 않기 때문에 색을 내기도 쉬워 데커레이션에 사용하기도 좋다.

[머랭그 이탈리엔느 ▶ p44 참조] 물 50g, 설탕A 180g, 흰자 100g, 설탕B 20g
버터 400g

 8

**크렘 오 뵈르
아 라 파트 아 봉브**

노른자를 사용해 깊고 진한 맛을 지녔으며 버터의 풍미를 가장 잘 느낄 수 있는 크림이다. 이탈리안 머랭 베이스의 버터크림과 마찬가지로 보형성이 뛰어나다. 광택이 곱고 부드러워 작업성이 좋다.

[파트 아 봉브 ▶ p42 참조] 물 60g, 설탕 250g, 노른자 150g
버터 450g

 9

**크렘 오 뵈르
아 랑글레즈**

세 가지 버터 크림 중 입안에서 녹는 식감이 가장 좋다. 우유와 진한 맛의 노른자가 더해져 버터의 풍미 또한 잘 끌어낸다. 작업성은 좋지만 수분이 많은 편이라 흘러내리기 쉽다. 따라서 데커레이션용으로 사용하기보다는 필링용 크림으로 사용하는 것이 적합하다. 과일이나 초콜릿 등의 재료와도 잘 어울린다.

[크렘 앙글레즈 ▶ p40 참조] 우유 240g, 노른자 80g, 설탕 80g, 바닐라 빈 ¼개
버터 400g

버터크림 만드는 방법

1 앞에 소개된 기본 크림 만드는 법을 참고하여 각각의 버터크림 베이스(머랭그 이탈리엔느, 파트 아 봉브, 크렘 앙글레즈)를 만든다.
2 볼에 실온 상태의 부드러운 버터를 넣고 크림 상태로 푼다.
3 각각의 버터크림 베이스가 잔열 없이 식으면 2에 넣고 잘 섞는다.
4 잘 섞은 뒤 중고속으로 가볍게 믹싱해 공기를 포집하고 가벼운 식감으로 완성한다.

Lesson 2. **SPRING**

나카무라 아카데미 봄

말차 딸기 롤케이크

ROULÉ
AU THÉ VERT
et aux fraises

빨간 딸기와 분홍색 크림, 녹색 말차 시트가 대비를 이루어
시선을 사로잡는다. 통으로 넣은 딸기의 단면도 사랑스럽다.
봄의 티타임에 잘 어울리는 롤케이크이다.

01

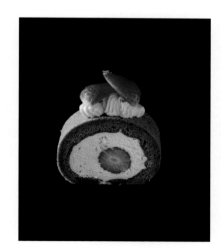

Quantity
폭 3.5cm 롤케이크 조각 16개

ROULÉ
au thé VERT
et aux fraises

🍮 크렘 샹티이 ▶1

A 말차 비스퀴

노른자 240g
설탕A 32g
물엿 20g
흰자 256g
설탕B 144g
박력분A 36g
박력분(아트레제)B 36g
말차파우더 12g
버터 64g
우유 48g
바닐라 오일 5방울
-

B 딸기잼

냉동 딸기 120g
산딸기 퓌레 80g
설탕A 80g
설탕B 20g
펙틴 3g
레몬즙 20g
-

C 딸기 크림

마스카르포네 치즈 120g
생크림 680g
B(딸기잼) 200g
딸기 리큐어 40g
-

D 샹티이 크림

마스카르포네 치즈 20g
설탕 14g
생크림 180g

A 말차 비스퀴

1 믹서볼에 노른자, 설탕A, 물엿을 넣고 중탕으로 36℃까지 데운다.
2 반죽이 미색으로 바뀌고 반죽을 떨어뜨렸을 때 자국이 남을 때까지 믹싱한다.
3 흰자에 설탕B를 나누어 넣으며 80%까지 휘핑해 머랭을 만든다.
4 2의 반죽에 머랭을 반 정도 넣고 섞는다.
5 함께 체 친 박력분A, 박력분B, 말차파우더를 넣고 섞는다.
6 남은 머랭을 넣고 섞는다.
7 버터, 우유, 바닐라 오일을 함께 60℃까지 데운 뒤 6에 넣고 섞는다.
8 유산지를 간 53×38㎝ 크기의 베이킹팬에 반죽을 부어 평평하게 펼치고 윗불과 아랫불 모두 180℃로 예열한 데크 오븐에서 12분 정도 굽는다.
9 팬에서 꺼내 완전히 식힌 뒤 23×15㎝ 직사각형으로 자른다.

B 딸기잼

1 냄비에 냉동 딸기, 산딸기 퓌레, 설탕A를 넣고 섞은 뒤 딸기에서 수분이 빠져나올 때까지 둔다.
2 불에 올려 60℃가 될 때까지 가열한 뒤 함께 섞은 설탕B와 펙틴을 넣고 적당한 농도가 될 때까지 저으면서 끓인다.
3 레몬즙을 넣고 섞은 뒤 얼음물을 받쳐 식힌다.

C 딸기 크림

1 볼에 마스카르포네 치즈를 넣고 부드럽게 푼 다음 생크림을 넣고 70%까지 휘핑한다.
2 B(딸기잼)와 딸기 리큐어를 넣고 100%까지 단단하게 휘핑한다.

D 샹티이 크림 🍮▶1

1 볼에 마스카르포네 치즈와 설탕을 넣고 부드럽게 푼 다음 생크림을 넣고 80%까지 휘핑한다.

조합

딸기 적당량
동결 건조 딸기 적당량
식용 금박 적당량

조합

1 A(말차 비스퀴)의 짧은 변을 정면으로 두고 C(딸기 크림)를 올려 펼친다.
2 중앙에 꼭지와 끝부분을 잘라낸 딸기를 가로로 한 줄 이어 놓는다.
3 남은 딸기 크림을 딸기 위에 올리고, 딸기를 올린 중심부가 산 모양이 되도록
  크림을 다듬는다.
  tip. 딸기 크림은 말차 비스퀴 1장당 약 250g을 사용한다.
4 시트의 양 끝단이 맞닿도록 크게 한 바퀴 만 다음 냉장고에 넣어 굳힌다.
5 완성된 길이 15㎝ 롤케이크의 양끝을 반듯하게 잘라 다듬은 뒤 폭 3.5㎝ 간격으로
  재단한다.
6 별 모양깍지를 낀 짤주머니에 D(샹티이 크림)를 담아 윗면에 짠 다음 조각낸 딸기,
  동결 건조 딸기, 식용 금박으로 장식한다.

**Baking
point.**

❶ 아트레제는 마루비시사(社)에서 개발한 입자가 가는 밀가루로, 케이크 시트 등에
  활용하면 더욱 부드럽고 쫀득한 제품을 만들 수 있다. 박력분 총량의 50%까지
  대체할 수 있다.
❷ 필링용 크림은 단단하게 휘핑해 사용해야 롤 모양이 잘 유지된다. 크림을 펴 바를
  때 중앙을 산처럼 두텁게 바르고 딸기를 중앙보다 약간 위에 올리면 단면이 예쁜
  롤케이크를 만들 수 있다.

TIRAMISU
aux fraises

딸기 티라미수

이탈리아 과자인 티라미수를 응용한 제품이다.
단맛이 강한 프레즈 데 브와를 콩포트로 사용하고 마무리에는
생딸기를 더해 각기 다른 두 종류의 딸기를 즐길 수 있다.

02

Quantity
지름 6.5㎝, 높이 5㎝ 컵 12개 분량

Tiramisu
aux fraises

비스퀴 아 라 퀴이예르 ▶ 2

A 딸기 콩포트

물 30g
설탕 80g
물엿 40g
프레즈 데 브와 200g
레몬즙 10g
키르슈 10g
–

B 비스퀴

노른자 40g
설탕A 20g
흰자 80g
설탕B 40g
박력분 60g
슈거파우더 적당량
–

C 티라미수

노른자 60g
설탕 60g
물 30g
젤라틴 4g
마스카르포네 치즈 260g
생크림 200g

A 딸기 콩포트

1 냄비에 물, 설탕, 물엿, 프레즈 데 브와를 넣고 프레즈 데 브와에서 수분이 빠져 나올 때까지 잠시 둔다.
2 강불에 끓인 뒤 레몬즙을 넣고 한소끔 더 끓인다.
3 불에서 내려 키르슈를 넣고 섞은 다음 식힌다.
4 하루 이상 숙성시킨다.
  tip. 만든 뒤 하루 이상 숙성시키면 딸기의 붉은색이 선명해진다.

B 비스퀴 ▶ 2

1 볼에 노른자와 설탕A를 넣고 섞는다.
2 믹서볼에 흰자를 넣고 설탕B를 나누어 넣으며 휘핑해 머랭을 만든다.
3 1에 머랭을 두 번에 나누어 넣고 섞는다.
4 체 친 박력분을 넣고 섞는다.
5 원형 깍지를 끼운 짤주머니에 반죽을 담아 유산지를 깐 베이킹팬에 지름 3㎝ 크기의 원형으로 짠다.
6 슈거파우더를 두 번 뿌리고 윗불과 아랫불 모두 200℃로 예열한 데크 오븐에서 8분 정도 굽는다.

C 티라미수

1 볼에 노른자, 설탕, 물을 넣고 저으며 중탕으로 80℃까지 가열한 뒤 체에 거른다.
2 거품이 뽀얗게 올라올 때까지 휘핑한다.
3 얼음물에 불려 물기를 제거한 젤라틴을 녹인 뒤 반죽에 넣고 섞는다.
4 부드럽게 푼 마스카르포네 치즈를 넣고 섞은 다음 70%까지 휘핑한 생크림을 넣고 섞는다.

조합

샹티이 크림 적당량
딸기파우더 적당량
딸기 적당량
피스타치오 적당량

조합

1 A(딸기 콩포트)에서 딸기를 건져 내고 남은 시럽을 1의 비스퀴에 발라 지름 6.5㎝, 높이 5㎝ 컵 바닥에 넣는다.

2 건진 딸기를 1 위에 올린 다음 C(티라미수)를 컵의 ½ 높이까지 붓는다.
   tip. 딸기 일부는 컵 측면에 붙여 겉에서 잘 보이도록 한다.

3 남은 비스퀴 1장에 남은 딸기 콩포트 시럽을 발라 2 위에 올린다.

4 남은 티라미수를 채우고 윗면을 평평하게 정리한다.

5 원형 깍지를 낀 짤주머니에 샹티이 크림을 넣어 가운데에 봉긋하게 짠다.

6 딸기파우더를 뿌리고 4등분한 딸기와 피스타치오를 올려 장식한다.

Baking point.

❶ 프레즈 데 브와는 프랑스의 작은 딸기로 일반 딸기보다 풍미가 진하다.
   한국에서는 재배하지 않는 품종이기에 냉동 유통되는 제품을 사용했다.

❷ 부드러운 비스퀴에 시럽을 바르면 망가지기 쉬우니 냉동한 후 사용하는 것이 좋다.

PETIT GATEAUX
soufflés au fromage

미니 수플레 치즈케이크

머랭을 넣어 부풀리고 중탕으로 찌듯이 구운 촉촉하고 폭신한
치즈케이크이다. 가벼우면서도 부드러운 솜털 같은 식감을 가져
프랑스어로 '부풀었다'라는 의미의 수플레(soufflé) 치즈케이크 혹은
코튼 치즈케이크라고 부른다. 혼자서 먹기에 부담 없는 크기의 케이크이다.

03

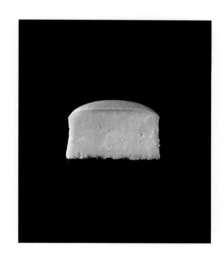

Quantity
지름 6㎝, 높이 5㎝ 원형 치즈케이크 10개 분량

PETIT GATEAUX
soufflés au
fromage

파트 아 제누아즈 ▶1

A 제누아즈
    달걀 180g
    설탕 90g
    물엿 10g
    박력분 90g
    버터 25g
    -

B 필링
    우유 150g
    생크림 25g
    버터 10g
    크림치즈 250g
    노른자 80g
    설탕A 35g
    바닐라 페이스트 적당량
    옥수수 전분 13g
    흰자 60g
    설탕B 45g

A 제누아즈 ▶1

1. 볼에 달걀, 설탕, 물엿을 넣고 섞은 뒤 중탕으로 체온 정도까지 데운다.
2. 뤼방상태가 될 때까지 휘핑한다.
3. 체 친 박력분을 넣고 고르게 섞는다.
4. 60℃로 녹인 버터를 넣고 섞는다.
5. 유산지를 간 지름 18㎝ 원형 케이크 틀에 붓는다.
6. 윗불과 아랫불 모두 175℃로 예열한 데크 오븐에서 24분 정도 굽는다.
7. 틀에서 빼 충분히 식히고 5㎜ 두께로 슬라이스 한 뒤 지름 6㎝ 원형으로 자른다.

B 필링

1. 냄비에 우유, 생크림, 버터를 넣고 데운다.
2. 1에 실온에서 부드럽게 푼 크림치즈를 넣고 섞는다.
3. 볼에 노른자, 설탕A, 바닐라 페이스트를 넣고 가볍게 섞은 다음 옥수수 전분을 넣고 섞는다.
4. 3에 2를 넣고 섞은 뒤 중탕으로 저으면서 거품기 자국이 나는 정도의 농도가 될 때까지 가열한다.
5. 다른 볼에 흰자를 넣고 설탕B를 3회에 걸쳐 나누어 넣으면서 60%까지 휘핑해 묽은 머랭을 만든다.
   tip. 머랭을 단단하게 올리면 굽고 난 제품의 표면이 깨질 수 있다.
6. 4에 머랭을 넣고 섞는다.
7. 베이킹 시트를 두른 지름 6㎝, 높이 5㎝ 원형 무스 틀에 A(제누아즈) 1장씩을 넣고 완성된 반죽을 나누어 붓는다.
8. 윗불과 아랫불 모두 160℃로 예열한 데크 오븐에서 중탕으로 10분 동안 구운 뒤 댐퍼와 오븐 문을 살짝 열고 40분 동안 더 굽는다.

Baking point.

❶ 특유의 부드러운 식감을 내기 위해 중탕으로 굽는다. 굽는 도중에 중탕 물이 부족하면 윗면이 마르면서 터지거나 부드러운 식감을 내기 어렵기 때문에 물의 양이 충분한지 확인하고 부족할 경우 보충한다.

❷ 치즈케이크를 구울 때는 틀에 유산지 대신 반죽이 잘 달라붙지 않는 베이킹 시트를 둘러야 한다. 치즈케이크가 오븐 안에서 부풀어 올랐다가 시간이 지나면서 약간 볼륨이 꺼지는데, 이때 틀 안쪽 면에 반죽이 달라붙으면 옆면이 움푹 파인 형태로 완성될 수 있기 때문이다.

❸ 봉긋하고 매끈한 윗면을 만들기 위해서는 60%까지 휘핑한 묽은 머랭을 사용해 반죽이 과도하게 부풀지 않도록 해야 한다. 또한 증기가 오븐 내부에 가득 차지 않도록 중간에 댐퍼를 열거나 오븐 문을 살짝 열어야 반죽이 안정적으로 부풀 수 있다. 데크 오븐을 사용할 경우에는 아랫불이 세면 반죽이 갑자기 부풀어 오르면서 윗면이 터지기도 하므로 아랫불의 화력을 낮게 조절해야 한다.

CAKE
au Kumquat

금귤 파운드케이크

마지팬을 넣은 버터 반죽 위에 다쿠아즈 반죽을 얹고
가운데에 금귤 콩포트를 큼지막하게 넣어 구운 파운드케이크이다.
금귤 콩포트로 맛뿐만 아니라 색에도 악센트를 주었다.

04

Quantity
23×4.5×5㎝ 파운드케이크 2개 분량

CAKE
au Kumquat

🔔 파트 아 다쿠아즈 ▶9

A 금귤 콩포트
　금귤 300g
　설탕 150g
　물 200g
　레몬 슬라이스 적당량

B 금귤 파운드케이크 반죽
　마지팬 140g
　버터 82g
　슈거파우더 78g
　노른자 36g
　달걀 30g
　옥수수 전분 20g
　박력분 50g
　베이킹파우더 2g
　살구 퓌레 30g
　쿠앵트로 12g
　-

C 다쿠아즈
　아몬드파우더 36g
　슈거파우더 20g
　박력분 10g
　흰자 54g
　설탕 28g
　-

조합
　슈거파우더 적당량
　나파주 적당량
　처빌 적당량

A 금귤 콩포트
1　끓는 물(분량 외)에 꼭지를 제거하고 세척한 금귤을 넣어 가볍게 데친다.
2　반으로 자른 뒤 씨를 제거한다.
3　냄비에 설탕과 물을 넣고 끓인 뒤 금귤과 레몬 슬라이스를 넣고 3일 이상 절인다.

B 금귤 파운드케이크 반죽
1　푸드프로세서에 마지팬과 버터를 넣고 덩어리가 없어질 때까지 푼 다음 슈거파우더를 넣어 섞는다.
2　노른자와 달걀을 넣고 섞은 뒤 함께 체 친 옥수수 전분, 박력분, 베이킹파우더를 넣고 섞는다.
3　살구 퓌레와 쿠앵트로를 넣고 섞는다.

C 다쿠아즈 🔔 ▶9
1　아몬드파우더, 슈거파우더, 박력분을 함께 체 친 뒤 냉장고에서 차갑게 보관한다.
2　흰자에 설탕을 나누어 넣으며 휘핑해 단단한 머랭을 만든다.
3　머랭에 1을 넣고 섞는다.

조합
1　짤주머니에 B(금귤 파운드케이크 반죽)를 담아 23×4.5×5㎝ 파운드케이크 틀에 50%까지 짜 넣는다.
2　중앙에 물기를 제거한 A(금귤 콩포트)의 금귤을 5개씩 놓는다.
3　별 모양깍지를 낀 짤주머니에 C(다쿠아즈)를 담아 2 위에 모양을 내 짠다.
4　슈거파우더를 뿌린 뒤 윗불과 아랫불 모두 160℃로 예열한 데크 오븐에서 50분 정도 굽는다.
5　틀에서 빼 식힌 뒤 윗면에 남은 A(금귤 콩포트)를 올리고 나파주를 바른다.
6　처빌을 올려 장식한다.

Baking point.

❶ 푸드프로세서를 사용해 파운드케이크 반죽을 만들어 작업 시간을 단축시켰다.

❷ 반죽 속에 넣는 금귤 콩포트의 물기를 확실하게 제거하지 않으면 반죽이 축축하게 젖어 덜 구워질 수 있다.

❸ 다쿠아즈 반죽을 많이 섞으면 반죽이 묽어져 짠 모양이 유지되지 않기 때문에 필요 이상으로 많이 섞지 않도록 주의한다.

GÂTEAU
au thé vert

말차 시폰케이크

말차 향 가득한 가볍고 촉촉한 케이크이다. 기공이 조밀한 머랭을 넣어
밀도 높은 시폰 시트를 만들고 빠른 시간 내에 아이싱하는 게 포인트.
가루 재료의 종류를 바꾸어 다양한 맛으로 응용이 가능하다.

05

Quantity
지름 18㎝, 높이 9.5㎝(시폰 2호) 시폰케이크 1개 분량

GÂTEAU
au thé vert

🥣 크렘 샹티이 ▶1

A 말차 시폰
　노른자 60g
　설탕A 50g
　식용유 73g
　물 45g
　박력분 90g
　말차파우더 15g
　베이킹파우더 2g
　흰자 160g
　설탕B 80g
　–

B 말차 가나슈
　생크림 50g
　화이트초콜릿 35g
　말차파우더 2g
　–

C 말차 크림
　B(말차 가나슈) 40g
　생크림 80g
　설탕 7g
　–

D 샹티이 크림
　마스카르포네 치즈 40g
　설탕 15g
　생크림 180g

A 말차 시폰
1 볼에 노른자와 설탕A를 넣고 섞는다.
2 식용유와 물을 각각 50℃로 데운 뒤 1에 차례대로 조금씩 넣으면서 섞는다.
3 함께 체 친 박력분, 말차파우더, 베이킹파우더를 넣고 잘 섞는다.
　tip. 너무 많이 섞지 않도록 주의한다.
4 흰자에 설탕B를 두 번에 나누어 넣고 휘핑해 머랭을 만든다.
5 3의 반죽에 머랭을 넣어 섞은 뒤 지름 18㎝ 시폰케이크 틀에 붓는다.
6 윗불과 아랫불 모두 170℃로 예열한 데크 오븐에서 30분 정도 굽는다.
7 틀을 거꾸로 뒤집고 세워 충분히 식힌 뒤 틀에서 분리한다.

B 말차 가나슈
1 냄비에 생크림을 넣어 데우고 화이트초콜릿은 중탕물에서 녹인다.
2 녹인 화이트초콜릿에 체 친 말차파우더와 데운 생크림을 넣고 잘 유화시킨다.

C 말차 크림
1 볼에 B(말차 가나슈), 생크림, 설탕을 넣어 휘핑한다.

D 샹티이 크림 🥣▶1
1 볼에 마스카르포네 치즈와 설탕을 넣고 부드럽게 푼 다음 생크림을 넣고 80%까지 휘핑한다.

조합

1 A(말차 시폰)의 겉면을 D(샹티이 크림)로 아이싱한다.
2 스패튤러를 사용해 C(말차 크림)를 1의 군데군데에 바르고, 남은 B(말차 가나슈)를 짜 장식한다.

Baking point.

❶ 시폰케이크가 충분히 부풀려면 머랭을 잘 만드는 것 뿐만 아니라 노른자와 설탕을 잘 섞는 것도 중요하다. 공기가 충분히 포집되도록 휘핑한 뒤 데운 식용유를 넣고 매끄럽게 유화시켜야 한다.

❷ 머랭을 만들 때 흰자에 설탕을 초반에 넣고 중고속으로 휘핑해 조밀한 기공을 형성해야 한다. 이러한 머랭을 사용하면 밀도 있고 균일한 질감의 시폰케이크를 만들 수 있다.

❸ 구운 시폰케이크는 틀을 거꾸로 뒤집어 충분히 식힌 뒤 틀과 케이크 사이를 살살 눌러 뗀다. 기둥에 반죽이 붙어 떨어지지 않을 때는 대나무 꼬챙이와 같이 얇고 긴 도구로 틀을 따라 긁으면서 분리한다.

❹ 시폰케이크는 일반 제누아즈에 비해 면적이 넓어 아이싱하는 데 시간이 오래 걸릴 수 있다. 시간이 지체될수록 휘핑한 생크림의 상태가 나빠지기 때문에 빠른 시간 내에 아이싱을 마치도록 한다.

OPÉRA
au thé vert

말차
오
페
라

말차를 활용해 기존의 오페라를 재해석한 제품이다. 모든 구성 요소에
쌉싸름한 말차를 사용했지만 화이트초콜릿으로 부드러운 단맛을 더해
맛의 밸런스를 맞췄다. 깔끔하게 재단해 한눈에 보이는 단면 속 팥배기가
말차의 색을 더욱 돋보이게 하며 단조로울 수 있는 식감에 포인트를 준다.

06

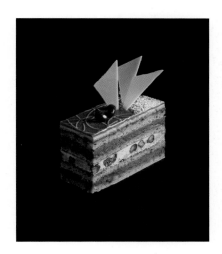

Quantity
9×3.5㎝ 직사각형 케이크 8개 분량

OPÉRA
au thé vert

비스퀴 조콩드 ▶3   크렘 오 뵈르 아 라 파트 아 봉브 ▶8

A 말차 비스퀴 조콩드
슈거파우더 80g
아몬드파우더 80g
노른자 20g
달걀 100g
흰자 160g
설탕 80g
박력분 64g
말차파우더 5g
버터 20g
–

B 말차 가나슈
화이트초콜릿 70g
밀크초콜릿 55g
말차파우더 5g
트리몰린 10g
생크림 110g
버터 35g
–

C 말차 버터크림
노른자 40g
물 20g
트레할로스 40g
설탕 40g
바닐라 페이스트 적당량
버터 130g
말차파우더 6g
브랜디 15g
–

D 말차 시럽
말차파우더 8g
설탕 50g
뜨거운 물 120g
브랜디 15g

A 말차 비스퀴 조콩드 ▶3
1 볼에 슈거파우더, 아몬드파우더, 노른자, 달걀을 넣고 뽀얗게 될 때까지 휘핑한다.
2 믹서볼에 흰자를 넣고 설탕을 나누어 넣으며 휘핑해 머랭을 만든다.
3 1에 머랭을 넣고 섞는다.
4 함께 체 친 박력분과 말차파우더를 넣고 섞는다.
5 녹인 버터를 넣고 섞는다.
6 유산지를 깐 40×30cm 크기의 베이킹팬에 반죽을 부어 펼치고 윗불과 아랫불 모두 190℃로 예열한 데크 오븐에서 8분 정도 굽는다.
7 십(十)자로 4등분한 다음 두께 8mm가 되도록 슬라이스한다.

B 말차 가나슈
1 볼에 화이트초콜릿과 밀크초콜릿을 넣고 절반 정도 녹인다.
2 녹인 초콜릿에 말차파우더를 체 쳐 넣고 섞는다.
3 냄비에 트리몰린과 생크림을 넣고 데운 뒤 2에 넣어 유화시킨다.
4 실온의 버터를 넣고 섞는다.

C 말차 버터크림 ▶8
1 볼에 노른자, 물, 트레할로스, 설탕, 바닐라 페이스트를 넣고 섞은 다음 중탕으로 저으면서 80℃까지 데운다.
2 체에 거른 뒤 뽀얗게 될 때까지 휘핑해 파트 아 봉브를 만든다.
3 실온의 부드러운 버터를 나누어 넣으며 유화시킨다.
4 말차파우더와 브랜디를 덩어리지지 않게 잘 섞은 뒤 3에 넣고 섞는다.

D 말차 시럽
1 볼에 말차파우더와 설탕을 넣고 잘 섞는다.
2 뜨거운 물을 부어 잘 섞은 뒤 식힌다.
3 브랜디를 넣고 섞는다.

70

E 말차 글라사주

파타 글라세 화이트 60g
화이트초콜릿 40g
말차파우더 3g
식용유 10g
우유 40g
물엿 5g

–

조합

파타 글라세 화이트 적당량
팥배기 70g
슈거파우더 적당량
화이트초콜릿 장식물 적당량
식용 금펄 적당량

E 말차 글라사주

1 파타 글라세 화이트와 화이트초콜릿을 함께 녹인다.
2 말차파우더를 체 쳐 넣고 섞는다.
3 식용유를 넣고 섞은 다음 데운 우유와 물엿을 넣고 섞는다.

조합

1 A(말차 비스퀴 조콩드) 1장의 구움색이 난 윗면에 녹인 파타 글라세 화이트를 얇게 바른 뒤 굳힌다.
   tip. 시트를 말차 시럽으로 적셨을 때 시럽이 바닥으로 새지 않게 코팅하는 역할을 한다.
2 1을 뒤집어 D(말차 시럽)를 바르고 B(말차 가나슈) ½ 분량을 펴 바른다.
3 A(말차 비스퀴 조콩드) 1장을 올린 뒤 D(말차 시럽)를 바른다.
4 C(말차 버터크림)를 소량 남겨 두고 펴 바른 뒤 팥배기를 뿌리고 윗면을 평평하게 정리한다.
5 A(말차 비스퀴 조콩드) 1장을 올리고 D(말차 시럽)를 바른 뒤 남은 B(말차 가나슈)를 펴 바른다.
6 남은 A(말차 비스퀴 조콩드)를 올린 뒤 남은 D(말차 시럽)를 바른다.
7 남겨둔 C(말차 버터크림)를 펴 바르고 냉장고에서 굳힌다.
8 윗면에 40℃로 조절한 E(말차 글라사주)를 부어 평평하게 씌운다.
9 코르네에 남은 E(말차 글라사주)를 담아 윗면에 무늬를 내며 짠다.
10 옆면을 반듯하게 잘라 다듬고 9×3.5㎝ 직사각형으로 재단한다.
11 한쪽 윗면에 슈거파우더를 뿌리고, 화이트초콜릿 장식물과 팥배기(분량 외) 2알을 올린 뒤 식용 금펄을 뿌려 장식한다.

Baking point.

❶ 말차 가나슈는 냉장고에 오래 넣어 두면 너무 단단하게 굳어 펴 바르기 어려워진다. 서늘한 곳에서 천천히 유화시키며 만들어 실온에 두었다가 사용하는 것이 좋다.
❷ 제품을 냉장고에서 굳힌 뒤 차가운 상태에서 글라사주를 씌우기 때문에 되도록 빠르게 작업해야 광택 있게 마무리된다.

베
리
플
라
워
가
든

JARDIN
de fleurs

독일의 전통 케이크 '프랑크푸르터 크란츠(Frankfurter Kranz)'를
봄 분위기가 나도록 만들었다. 옥수수 전분을 넣어 가벼운 식감으로 만든
제누아즈와 산미가 있는 산딸기 페팡 그리고 생크림을 넣어
더욱 진한 맛의 버터크림이 균형을 이룬다.

07

Quantity
지름 18㎝ 엔젤 모양 케이크 1개 분량

A 레몬 제누아즈

달걀 100g

노른자 40g

트레할로스 25g

설탕 50g

박력분 65g

옥수수 전분 30g

버터 35g

레몬 제스트 0.5개 분량

–

B 버터크림

생크림 100g

트레할로스 40g

달걀 30g

설탕 60g

버터 150g

산딸기 시럽 적당량

–

C 산딸기 페팡

냉동 산딸기 100g

설탕A 60g

트레할로스 30g

물엿 10g

펙틴 3g

설탕B 10g

–

D 크로캉

아몬드 분태 100g

설탕 50g

물 15g

산딸기 시럽 10g

A 레몬 제누아즈 🍮 ▶1

1 달걀과 노른자를 섞은 뒤 트레할로스와 설탕을 넣고 섞어 중탕으로 체온과 비슷한 온도가 될 때까지 데운다.

2 반죽이 미색으로 바뀌고 반죽을 떨어뜨렸을 때 자국이 남을 때까지 휘핑한다.

3 함께 체 친 박력분과 옥수수 전분을 넣고 섞는다.

4 녹인 버터와 레몬 제스트를 넣고 섞는다.

5 지름 18㎝ 엔젤 틀 안쪽에 부드러운 버터(분량 외)를 얇게 칠한 뒤 반죽을 70% 정도까지 붓고 윗불과 아랫불 모두 170℃로 예열한 데크 오븐에서 30분 정도 굽는다.

6 틀에서 빼 식힌 뒤 1.5~2㎝ 두께로 3장 슬라이스한다.

B 버터크림 🍮 ▶9

1 냄비에 생크림과 트레할로스를 넣고 데운다.

2 볼에 달걀과 설탕을 넣고 섞은 뒤 1을 조금씩 넣으면서 섞는다.

3 다시 냄비에 옮겨 약불에서 저어 가며 80℃까지 끓인다.

4 25℃까지 식힌 뒤 22℃의 버터를 넣고 섞는다.

5 아이싱할 양을 일부 덜어낸 뒤 산딸기 시럽을 섞어 옅은 핑크색으로 만든다.

C 산딸기 페팡

1 냄비에 냉동 산딸기, 설탕A, 트레할로스, 물엿을 함께 넣고 섞어 산딸기가 녹고 수분이 충분히 빠져나올 때까지 냉장고 혹은 실온에 둔다.

2 불에 올려 60℃까지 가열한다.

3 함께 섞은 펙틴과 설탕B를 넣고 바닥이 눌어붙지 않게 저으며 걸쭉해 질 때까지 끓인다.

4 식힌 뒤 짤주머니에 담는다.

D 크로캉

1 아몬드 분태를 윗불과 아랫불 모두 170℃로 예열한 데크 오븐에서 5분 정도 가볍게 굽는다.

2 냄비에 설탕, 물, 산딸기 시럽을 넣고 섞어 끓인 뒤 구운 아몬드 분태를 넣고 설탕이 결정화가 될 때까지 섞는다.

E 앙비바주 시럽
18보메 시럽 100g
키르슈 5g
–

조합
데코스노우 적당량
화이트초콜릿 적당량
플라스틱 초콜릿 장식물 적당량
피스타치오 적당량
식용 금박 적당량

E 앙비바주 시럽
1 18보메 시럽과 키르슈를 섞는다.

조합
1 A(레몬 제누아즈) 1장에 E(앙비바주 시럽) 적당량을 바른다.
2 B(버터크림) 절반을 평평하게 바른다.
3 C(산딸기 페팡)를 두 줄 짠다.
4 1~3을 1회 더 반복해 2단으로 쌓는다.
5 남은 제누아즈를 덮은 뒤 아이싱용으로 덜어둔 핑크색 B(버터크림)로 아이싱한다.
6 5의 겉면에 D(크로캉)를 꼼꼼하게 붙인 뒤 데코스노우를 뿌린다.
7 템퍼링한 화이트초콜릿으로 리스 모양을 만들어 윗면에 올린다.
8 꽃모양 플라스틱 초콜릿 장식물, 잘게 다진 피스타치오, 식용 금박으로 장식한다.

Baking point.

❶ 제누아즈 반죽에 옥수수 전분을 넣을 경우 박력분만 넣었을 때보다 더 충분히 섞어야 촉촉한 식감의 제누아즈를 만들 수 있다.
❷ 산딸기 씨를 거르지 않고 그대로 넣은 잼을 산딸기 페팡이라고 한다. 산딸기 페팡을 덜 졸여 묽을 경우 버터크림에 잼이 섞일 수 있기 때문에 일반적인 잼보다 되직하게 졸여서 사용한다.

MACARON
de Printemps

봄 마 카 롱

마카롱을 케이크로 응용한 제품이다. 연유로 단맛을 추가한 딸기와
푀양틴을 넣어 부드러운 치즈 크림과 대비되는 식감을 느낄 수 있다.
케이크 느낌을 내기 위해 윗면에 덮는 마카롱은 가운데 구멍이 뚫린
링 모양으로 만들어 장식물이 안정적으로 고정되도록 했다.

08

Quantity
지름 5㎝ 원형 마카롱 15개 분량

A 마카롱
  흰자 100g
  설탕 100g
  건조 흰자 1g
  빨간색 식용 색소 적당량
  슈거파우더 110g
  아몬드파우더 115g
  –

B 초콜릿 푀양틴
  화이트초콜릿 60g
  푀양틴 30g
  동결 건조 딸기 5g
  –

C 치즈 크림
  크림치즈 180g
  사워크림 15g
  설탕 70g
  젤라틴 4.5g
  쿠앵트로 6g
  생크림 255g
  레몬즙 20g

D 가르니튀르
  딸기 10개
  연유 적당량

A 마카롱
1 믹서볼에 흰자를 넣고 함께 섞은 설탕과 건조 흰자를 3번에 나누어 넣으며 휘핑해 단단한 머랭을 만든다.
2 빨간색 식용 색소를 넣어 원하는 색을 만든다.
3 함께 체 친 슈거파우더와 아몬드파우더를 넣고 섞으며 마카로나주한다.
4 원형 깍지를 낀 짤주머니에 반죽을 담아 베이킹팬 한 장에는 지름 5㎝ 크기의 원형으로, 다른 베이킹팬 한 장에는 지름 5㎝ 크기의 링 모양으로 짠 다음 실온에서 30분~1시간 동안 건조시킨다.
5 윗불과 아랫불 모두 160℃로 예열한 데크 오븐에서 12분 정도 굽는다.

B 초콜릿 푀양틴
1 볼에 화이트초콜릿을 넣고 중탕으로 녹인다.
2 푀양틴과 동결 건조 딸기를 넣고 섞는다.
3 실리콘 매트에 평평하게 펼쳐 냉장고에서 굳힌다.

C 치즈 크림
1 믹서볼에 부드러운 크림치즈와 사워크림을 넣고 덩어리가 없도록 잘 섞는다.
2 설탕을 넣고 설탕이 녹을 때까지 섞는다.
3 얼음물에 불려 물기를 제거한 젤라틴과 쿠앵트로를 함께 중탕으로 녹인 뒤 2에 넣고 섞는다.
4 80%까지 휘핑한 생크림을 넣고 조심스레 섞은 다음 레몬즙을 넣어 마무리한다.

D 가르니튀르
1 볼에 작게 조각 낸 딸기와 연유를 넣고 버무린다.

조합

동결 건조 딸기 다이스 적당량
딸기 적당량
화이트초콜릿 장식물 적당량
타임 적당량

조합

1 원형으로 만든 A(마카롱)를 뒤집고 별 모양깍지를 끼운 짤주머니에 C(치즈 크림)를 넣어 링 모양으로 짠다.

2 가운데 구멍에 B(초콜릿 푀양틴)와 D(가르니튀르)를 넣고 남은 치즈 크림을 한 겹 더 짠다.

3 링 모양으로 만든 A(마카롱)를 덮는다.

4 크림 옆면에 동결 건조 딸기 다이스를 붙이고 4등분한 딸기 조각, 다진 피스타치오를 붙인 화이트초콜릿 장식물, 타임으로 장식한다.

Baking point. 원형 마카롱과 링 모양 마카롱은 사용하는 반죽의 양이 다르기 때문에 굽는 시간 역시 다르다. 또한 바닥용으로 짠 원형 마카롱은 구운 뒤 크기가 조금 더 커지기 때문에 이를 고려하여 윗면에 덮을 링 모양 반죽을 짜야 한다.

ANGE

슈를 만든 뒤 위아래를 뒤집어 슈의 둥근 모양을 살리고
겉면에는 딸기 밀크 크림을 짜 천사의 부드러운 머릿결을 표현했다. 또한
작은 크기의 슈를 따로 만든 뒤 중앙에 넣어 식감에 변주를 주었다.

앙주

09

Quantity
슈 12개 분량

ANGE

A 파트 사블레

버터 50g
설탕 50g
박력분 50g
-

B 파트 아 슈

우유 50g
물 50g
소금 1g
버터 50g
박력분 88g
달걀 135g
-

C 디플로마트 크림

우유 300g
바닐라 빈 0.3g
노른자 55g
설탕 55g
박력분 27g
버터 20g
생크림 30g
키르슈 10g
-

D 샹티이 크림

생크림 150g
마스카르포네 치즈 30g
설탕 10g

A 파트 사블레 ▶ 4

1 부드럽게 푼 버터에 설탕을 넣고 섞는다.
2 체 친 박력분을 넣고 한 덩어리가 될 때까지 섞는다.
3 반죽을 비닐로 감싸 2mm 두께로 밀어 편 뒤 냉동고에서 굳힌다.
4 지름 4cm 크기의 원형 틀로 12개를 찍어 낸다.

B 파트 아 슈 ▶ 6

1 냄비에 우유, 물, 소금, 버터를 넣고 끓인다.
2 불에서 내려 체 친 박력분을 넣고 한 덩어리가 될 때까지 섞는다.
3 다시 중불에 올려 1분 정도 치대며 호화시킨다.
4 볼에 옮긴 뒤 한 김 식히고 달걀을 조금씩 넣어 가며 섞는다.
   tip. 주걱을 세워서 들어 올렸을 때 떨어지고 남은 반죽이 주걱의 날에 이등변삼각형
   모양으로 남아 있도록 되기를 조절한다.
5 원형 깍지를 끼운 짤주머니에 반죽을 담아 베이킹팬에 지름 5cm 크기의 돔 모양으로
   12개 짠다.
6 5의 윗면에 A(파트 사블레)를 하나씩 올린다.
7 다른 베이킹팬에 남은 반죽을 지름 2cm 크기의 돔 모양으로 12개 짠다.
8 반죽 위에 분무기로 물을 뿌린 다음 윗불과 아랫불 모두 190℃로 예열한 데크
   오븐에서 큰 슈는 30분, 작은 슈는 20분 정도 굽는다.
9 작은 원형 깍지를 낀 짤주머니에 남은 반죽을 담아 지름 2cm 링 모양으로 짠 뒤 윗불과
   아랫불 모두 160℃로 예열한 데크 오븐에서 20분 정도 굽는다.

C 디플로마트 크림 ▶ 2

1 냄비에 우유, 바닐라 빈의 씨와 깍지를 넣고 데운다.
2 볼에 노른자와 설탕을 넣고 섞은 뒤 체 친 박력분을 넣고 섞는다.
3 2에 1의 일부를 붓고 섞은 다음 다시 남은 1에 옮겨 저으면서 가열해 파티시에 크림을
   만든다.
4 불에서 내려 버터를 넣고 섞은 뒤 랩을 밀착시켜 냉장고에서 식힌다.
5 파티시에 크림을 부드럽게 풀고 80%까지 휘핑한 생크림과 키르슈를 넣어 섞는다.

D 샹티이 크림 ▶ 1

1 볼에 생크림, 부드럽게 푼 마스카르포네 치즈, 설탕을 넣고 80%까지 휘핑한다.

E 딸기 밀크 크림
- 생크림A 50g
- 연유 40g
- 산딸기 퓌레 80g
- 딸기 퓌레 40g
- 젤라틴 5g
- 화이트초콜릿 250g
- 레몬즙 20g
- 딸기 리큐어 10g
- 생크림B 180g
-

조합
- 데코스노우 적당량
- 화이트초콜릿 장식물 적당량
- 식용 금박 적당량

E 딸기 밀크 크림

1 냄비에 생크림A, 연유, 산딸기 퓌레, 딸기 퓌레를 넣고 데운다.
2 얼음물에 불려 물기를 제거한 젤라틴과 살짝 녹인 화이트초콜릿을 넣고 섞은 다음
  식힌다.
  tip. 화이트초콜릿 양이 상대적으로 많기 때문에 미리 조금 녹여 사용해야 덩어리지지
  않는다.
3 레몬즙과 딸기 리큐어를 넣고 섞는다.
4 70%까지 휘핑한 생크림B를 넣고 섞는다.
5 랩을 밀착시킨 뒤 냉장고에서 3시간 동안 휴지시킨다.

조합

1 지름 5cm 크기로 짜서 구운 B(파트 아 슈)의 바닥에서 ⅓ 지점을 자르고 뒤집어
  바구니 모양을 만든다.
  tip. 잘라 낸 바닥 부분은 사용하지 않는다.
2 뒤집은 슈의 바닥 중심을 작은 틀로 찍어 구멍을 내 슈가 흔들리지 않도록 만든 뒤
  찍어 낸 조각을 다시 슈 안에 넣어 구멍을 메운다.
3 2에 C(디플로마트 크림)를 70% 높이까지 짜 넣는다.
4 지름 2cm 크기로 짜서 구운 B(파트 아 슈)에 디플로마트 크림을 채우고 3에 뒤집어
  넣는다.
5 윗면을 평평하게 정리한 뒤 원형 깍지를 끼운 짤주머니에 D(샹티이 크림)를 넣어 슈
  위에 봉긋하게 짠다.
6 별 모양깍지를 끼운 짤주머니에 E(딸기 밀크 크림)를 넣어 샹티이 크림에 장미 모양으로
  둘러 짠다.
  tip. 휴지시킨 딸기 밀크 크림은 섞을수록 묽어지기 때문에 섞지 않고 그대로 사용한다.
7 윗면 중앙에 남은 샹티이 크림을 물방울 모양으로 한 번 더 짜고 데코스노우를 뿌린다.
8 링 모양으로 구운 B(파트 아 슈), 화이트초콜릿 장식물, 식용 금박을 올려 장식한다.

Baking point.

둥근 슈를 뒤집으면 제품이 흔들리거나 기울어질 수 있다. 이때 미리 바닥(슈의
윗부분)을 틀로 찍어 내면 평평한 면이 만들어져 안정감을 찾을 수 있다. 찍어
낸 반죽을 다시 원래 자리에 넣어 크림이 새는 것을 막는다.

PÂTE À CAKE
au thé noir

파운드케이크
얼그레이

홍차 풍미의 반죽에 패션프루트의 산미로 악센트를 준
파운드케이크. 폭이 좁은 파운드케이크 틀을 사용해
기존의 파운드케이크보다 세련된 느낌을 연출했다.

10

Quantity
19×4×4.5㎝ 파운드케이크 3개 분량

PÂTE À CAKE
au thé noir

A 케이크 반죽

발효 버터 110g
슈거파우더 99g
물엿 16g
달걀 77g
노른자 22g
박력분 88g
아몬드파우더 22g
베이킹파우더 2.4g
얼그레이 찻잎 3g
생크림 22g
패션프루트 초콜릿 55g
ㄴ 발로나 인스피레이션

–

B 치즈 크림

크림치즈 60g
마스카르포네 치즈 20g
설탕 14g
생크림 110g
얼그레이 찻잎 2g
오렌지 주스 10g

–

C 패션프루트 글라사주

생크림 100g
패션프루트 초콜릿 50g
ㄴ 발로나 인스피레이션 패션
젤라틴 2.2g

A 케이크 반죽 🌀▶7

1 볼에 부드러운 상태의 발효 버터를 넣고 푼다.
2 슈거파우더와 물엿을 넣고 미색이 될 때까지 휘핑한다.
3 달걀과 노른자를 여러 번에 걸쳐 나누어 넣으며 섞는다.
4 함께 체 친 박력분, 아몬드파우더, 베이킹파우더, 다진 얼그레이 찻잎을 넣고 고르게 섞는다.
5 데운 생크림을 넣고 고르게 섞는다.
6 유산지를 두른 19×4×4.5㎝ 크기의 파운드케이크 틀에 반죽을 170g씩 넣는다.
7 5㎜ 크기로 다진 패션프루트 초콜릿을 넣고 남은 반죽을 나누어 넣는다.
8 윗불과 아랫불 모두 165℃로 예열한 데크 오븐에 15분 동안 구운 다음 온도를 155℃로 낮춰 15분 정도 더 구운 뒤 틀에서 빼 식힌다.

B 치즈 크림

1 볼에 크림치즈를 넣고 부드럽게 푼다.
2 마스카르포네 치즈와 설탕을 넣고 덩어리지지 않도록 섞는다.
3 끓인 생크림에 얼그레이 찻잎을 넣고 5분 동안 우린 뒤 체에 걸러 완전히 식힌다.
4 3의 생크림을 2에 넣어 60%까지 휘핑한다.
5 오렌지 주스를 넣고 섞는다.

C 패션프루트 글라사주

1 냄비에 생크림을 넣어 데운 뒤 패션프루트 초콜릿을 넣고 유화시킨다.
2 얼음물에 불려 물기를 제거한 젤라틴을 넣고 녹인다.
3 랩을 밀착시켜 냉장고에서 휴지시킨다.

조합

건조 수레국화 꽃잎 적당량
타임 적당량

조합

1 지름 8.5㎜ 원형 깍지를 끼운 짤주머니에 B(치즈 크림)를 담아 A(케이크 반죽) 윗면에
   지그재그로 짠 다음 냉장고에서 30분 동안 굳힌다.
2 C(패션프루트 글라사주)를 중탕으로 18℃까지 데운 뒤 짤주머니에 넣어 1의 윗면에
   뿌린다.
   tip. 글라사주의 온도가 너무 높으면 글라사주의 농도가 너무 묽어지고 윗면에 짠 크림이
   녹기 때문에 온도를 18℃로 맞춘 뒤 사용한다.
3 건조 수레국화 꽃잎과 타임으로 장식한다.

Baking point.

❶ 얼그레이는 티백 등의 홍차 잎을 잘게 다져서 사용한다.
❷ 파운드케이크를 만들 때는 버터를 사용하기 30분 전에 실온에 꺼내 부드러워진
   상태에서 사용해야 한다. 또한 슈거파우더를 넣고 색이 밝아질 때까지 휘핑해
   공기를 포집하면 버터와 달걀이 분리되는 것을 방지할 수 있다.
❸ 반죽에 초콜릿을 녹여서 섞으면 만드는 도중에 반죽이 굳어 버릴 수 있으므로
   다져서 사용하는 것이 좋다. 다만 초콜릿이 바닥에 가라앉으면서 구울 때 탈 수 있기
   때문에 팬닝할 때 반죽의 중간에 넣어 굽는 것이 좋다.

PISTACHE
Ecossais

피스타슈 에코세

독일의 전통 과자 레뤼켄을 현대식으로 해석한 촉촉한 식감의
파운드케이크로 두 가지 반죽의 각기 다른 맛과 식감을 즐길 수 있다.
피스타치오와 궁합이 좋은 살구를 사용해 깔끔한 산미를 낸다.

11

Quantity
19×8×6㎝ 파운드케이크 2개 분량

PISTACHE
Ecossais

🍞 크렘 다망드 ▶3

A 살구 절임
반건조 살구 10개
패션프루트 퓌레 80g

-

B 피스타치오 아몬드 크림
버터 120g
슈거파우더 120g
달걀 130g
아몬드파우더 120g
박력분 20g
피스타치오 페이스트 30g
키르슈 15g

-

C 초콜릿 쉬크세 반죽
흰자 150g
설탕 100g
아몬드파우더 150g
슈거파우더 50g
코코아파우더 20g

-

D 글라스 로얄
슈거파우더 60g
레몬즙 10g

A 살구 절임
1 반건조 살구를 적당한 크기로 썰어 패션프루트 퓌레와 섞는다.
2 랩을 씌워 전자레인지에서 2분 동안 돌린 뒤 식힌다.
    tip. 반건조 살구를 데우면 패션프루트의 맛이 잘 스며든다.
3 장식용으로 쓸 양을 일부 덜어 놓는다.

B 피스타치오 아몬드 크림 🍞▶3
1 부드럽게 푼 버터에 슈거파우더를 넣고 섞는다.
2 실온의 달걀을 조금씩 나누어 넣으며 섞는다.
3 함께 체 친 아몬드파우더와 박력분을 넣고 섞는다.
4 피스타치오 페이스트를 넣고 섞은 뒤 키르슈를 넣어 섞는다.
5 짤주머니에 담아 준비한다.

C 초콜릿 쉬크세 반죽
1 볼에 흰자와 설탕을 넣고 휘핑해 단단한 머랭을 만든다.
2 머랭에 함께 체 친 아몬드파우더, 슈거파우더, 코코아파우더를 넣고 섞은 뒤
    짤주머니에 담는다.

D 글라스 로얄
1 슈거파우더와 레몬즙을 섞은 뒤 짤주머니에 담는다.

조합

버터 적당량
아몬드 분태 적당량
살구잼 적당량
피스타치오 적당량
데코스노우 적당량

조합

1 19×8×6㎝ 파운드케이크 틀에 부드러운 버터를 발라 코팅한 뒤 아몬드 분태를 붙인다.
   tip. 아몬드 분태를 붙인 틀을 잠시 냉장고에 넣어 굳히면 작업하기 용이하다.

2 C(초콜릿 쉬크세 반죽)를 준비한 틀 모양에 맞추어 한쪽 측면부터 반대쪽 측면까지 한
   줄씩 짠다. 틀의 양쪽 끝부분은 비워 둔다.
   tip. 일정한 두께로 고르게 짜야 제품의 단면이 깔끔하게 완성된다.

3 2 위에 B(피스타치오 아몬드 크림)를 틀 높이의 50%까지 짠 다음 가운데에 A(살구
   절임)를 넣는다.

4 남은 B(피스타치오 아몬드 크림)를 채우고 주걱을 사용해 가운데가 낮고 가장자리가
   높은 U자 모양이 되도록 반죽을 다듬는다.

5 윗불과 아랫불 모두 180℃로 예열한 데크 오븐에서 45분 정도 구운 뒤 뒤집어 틀에서
   빼고 그대로 식힌다. 만약 바닥 부분이 평평하지 않다면 잘라 내 평평하게 만든다.

6 겉면에 끓인 살구잼을 바른 다음 D(글라스 로얄)를 지그재그로 뿌린다.

7 남겨 놓은 A(살구 절임), 피스타치오, 데코스노우로 장식한다.

Baking point.

반죽을 만들 때 피스타치오 아몬드 크림, 초콜릿 쉬크세 반죽 순으로 만들고
초콜릿 쉬크세 반죽은 완성한 뒤 바로 사용해야 한다. 초콜릿 쉬크세 반죽 속
머랭의 기포가 금방 꺼지기 때문이다.

과일 다쿠아즈 타르트

DACQUOISE
tarte aux fruits

다쿠아즈 반죽으로 만들어 일반적인 타르트보다
훨씬 볼륨감 있는 제품이다. 중앙에 즐레를 넣어 맛에 포인트를 주었는데,
사용하는 과일에 어울리는 퓌레로 바꾸어 응용할 수 있다.

12

Quantity
지름 18㎝ 원형 타르트 1개 분량

DACQUOISE
tarte aux fruits

🥧 파트 아 다쿠아즈 ▶9　　🍮 크렘 파티시에르 ▶2

A 다쿠아즈
흰자 88g
설탕 32g
아몬드파우더 60g
슈거파우더 40g
박력분 20g
얼그레이 찻잎 2g
슈거파우더 적당량
-

B 디플로마트 크림
우유 130g
바닐라 페이스트 적당량
설탕 35g
노른자 30g
박력분 12g
버터 10g
럼 5g
생크림 50g
-

C 딸기 즐레
딸기 퓌레 40g
산딸기 퓌레 20g
설탕A 25g
설탕B 5g
펙틴 2g
딸기 리큐어 5g

A 다쿠아즈 🥧▶9
1 흰자에 설탕을 나누어 넣으며 휘핑해 단단한 머랭을 만든다.
2 아몬드파우더, 슈거파우더, 박력분을 함께 체 친 뒤 곱게 간 얼그레이 찻잎과 함께 머랭에 넣고 섞는다.
3 지름 1cm 원형 깍지를 낀 짤주머니에 완성된 반죽을 담는다.
4 지름 18cm 원형 무스 틀 안쪽에 실온의 버터(분량 외)를 얇게 칠한 뒤 틀 안쪽에 둘러가며 꽃잎 모양으로 짠다.
5 나머지 바닥 부분에는 달팽이 모양으로 남은 반죽을 짜 채운다.
6 윗면에 슈거파우더를 2번 뿌린 뒤 윗불과 아랫불 모두 180℃로 예열한 데크 오븐의 댐퍼를 열고 23분 정도 굽는다.
7 틀에서 빼 식힌다.

B 디플로마트 크림 🍮▶2
1 냄비에 우유, 바닐라 페이스트, 설탕의 절반을 넣고 데운다.
2 볼에 노른자, 남은 설탕, 체 친 박력분을 넣고 섞은 다음 1을 조금씩 넣으며 섞는다.
3 다시 냄비에 옮긴 뒤 저어 가며 82℃까지 끓이고 불에서 내려 버터와 럼을 넣고 섞는다.
4 트레이에 옮겨 담고 랩을 밀착시킨 뒤 냉장고에서 식힌다.
　tip. 볼에 옮긴 뒤 얼음물을 받쳐 식히는 방법도 있다.
5 볼에 옮겨 부드럽게 푼 다음 90%까지 휘핑한 생크림을 넣고 섞는다.

C 딸기 즐레
1 냄비에 딸기 퓌레, 산딸기 퓌레, 설탕A를 넣고 데운다.
2 함께 섞은 설탕B와 펙틴을 1에 넣고 섞은 뒤 저으면서 끓인다.
　tip. 펙틴은 온도가 너무 뜨거울 때 넣으면 뭉칠 수 있으므로 주의한다.
3 불에서 내려 딸기 리큐어를 넣고 섞은 뒤 지름 12cm 원형 무스 틀에 부어 냉동고에서 굳힌다.

조합

각종 과일 적당량
나파주 적당량
처빌 적당량

조합

1 A(다쿠아즈)의 중앙 바닥 부분에 B(디플로마트 크림) 절반을 짜 채운다.
2 틀에서 뺀 C(딸기 즐레)를 올린 뒤 남은 B(디플로마트 크림)를 살짝 봉긋하게 짠다.
3 각종 과일을 올린 뒤 나파주를 바른다.
4 처빌을 올려 장식한다.

Baking point.

❶ 디플로마트 크림(Crème diplomate)은 파티시에 크림에 휘핑한 생크림을 섞은 크림이다.
❷ 다쿠아즈는 머랭의 상태와 섞는 정도에 따라 식감이 달라진다. 흰자를 너무 적게 휘핑해 공기 포집이 부족하거나, 가루류를 넣은 뒤 너무 많이 섞으면 반죽이 주저앉을 수 있어 주의해야 한다.
❸ 나파주는 과일에 광택이 나게 하며 마르는 것을 방지한다. 또한 과일을 쌓아 올릴 때 접착제 역할을 해 이동할 때나 자를 때 과일이 떨어지는 것을 방지하기도 한다.

Lesson 3. SUMMER

나카무라 아카데미 / 여름

FRUIT DE
LA PASSION
à Pois

물방울 무늬의 패션프루트

패션프루트의 산미가 화이트초콜릿과 버터의 우유 풍미를 더욱
돋보이게 만드는 디저트. 설탕을 줄이고 화이트초콜릿으로 당도를 조절했으며
제품의 중앙뿐만 아니라 윗면에도 패션프루트 버터크림으로 포인트를 주었다.

01

Quantity
7.5 × 5 × 4.5㎝ 물방울 모양 무스케이크 15개 분량

FRUIT DE LA PASSION
à Pois

🔘 파트 아 다쿠아즈 ▶9   🥄 크렘 오 뵈르 아 랑글레즈 ▶9
🥄 크렘 앙글레즈 ▶4

A 코코넛 다쿠아즈

흰자 60g
설탕 20g
아몬드파우더 27g
코코넛파우더 16g
슈거파우더A 33g
박력분 6g
슈거파우더B 적당량
파트 아 글라세 화이트 적당량

-

B 패션프루트 버터크림

패션프루트 퓌레 60g
망고 퓌레 60g
노른자 36g
달걀 45g
설탕 45g
젤라틴 2g
버터 40g

-

C 화이트초콜릿 무스

생크림A 120g
우유 120g
노른자 50g
설탕 40g
젤라틴 6g
화이트초콜릿 200g
생크림B 450g

A 코코넛 다쿠아즈 🔘▶9

1 볼에 흰자를 넣고 설탕을 2번에 나누어 넣으며 휘핑해 단단한 머랭을 만든다.
2 함께 체 친 아몬드파우더, 코코넛파우더, 슈거파우더A, 박력분을 넣고 섞는다.
3 지름 3mm 원형 깍지를 낀 짤주머니에 2를 넣고 베이킹팬에 7.5×5cm 물방울 모양
  무스케이크 틀보다 1cm 작은 크기로 짠다.
4 슈거파우더B를 2번 뿌린 뒤 윗불과 아랫불 모두 100℃로 예열한 데크 오븐에 넣어
  댐퍼를 열고 2시간 동안 건조시킨다.
5 겉면에 녹인 파트 아 글라세 화이트를 발라 코팅한다.

B 패션프루트 버터크림 🥄▶9

1 냄비에 두 종류의 퓌레를 넣고 데운다.
2 볼에 노른자, 달걀, 설탕을 넣고 섞은 다음 1에 넣고 섞는다.
3 약불에서 약 80℃가 되고 농도가 걸쭉해질 때까지 저으며 가열한다.
4 얼음물에 불려 물기를 제거한 젤라틴을 넣어 녹인 뒤 체에 거르고 45℃까지 식힌다.
5 부드러운 버터에 4를 조금씩 넣으며 섞는다.
6 짤주머니에 담아 OPP 필름 위에 다양한 크기의 물방울 모양으로 짠 다음 냉동고에서
  굳힌다.
7 남은 크림은 지름 3cm 반구형 실리콘 몰드에 채운 뒤 냉동고에서 굳힌다.

C 화이트초콜릿 무스 🥄▶4

1 냄비에 생크림A와 우유를 넣고 끓기 직전까지 데운다.
2 볼에 노른자와 설탕을 넣고 섞는다.
3 2에 1을 조금씩 넣으며 섞은 다음 다시 냄비에 옮겨 약불에서 80℃까지 가열해
  앙글레즈 크림을 만든다.
4 얼음물에 불려 물기를 제거한 젤라틴을 넣어 녹인 뒤 체에 거른다.
5 녹인 화이트초콜릿을 넣고 섞는다.
6 얼음물을 받쳐 25℃까지 식힌 뒤 70%까지 휘핑한 생크림B와 섞는다.

조합

나파주 적당량
코코넛파우더 적당량
이소말트 장식물 15개
애플민트 적당량

조합

1 물방울 모양으로 짠 B(패션프루트 버터크림) 위에 7.5×5×4.5㎝ 물방울 모양
　무스케이크 틀을 올린다.

2 C(화이트초콜릿 무스)를 틀의 50%까지 넣은 뒤 중앙에 몰드에서 뺀 B(패션프루트
　버터크림)를 살짝 눌러 넣는다.

3 남은 C(화이트초콜릿 무스)를 틀의 90%까지 넣는다.

4 A(코코넛 다쿠아즈)를 올려 윗면을 평평하게 정리한 뒤 냉동고에서 굳힌다.

5 뒤집어 윗면에 나파주를 바른 다음 틀을 제거하고 옆면에 코코넛파우더를 묻힌다.

6 이소말트 장식물과 애플민트를 올려 장식한다.

Baking point. OPP 필름 위에 짜는 패션프루트 버터크림이 제품 윗면의 무늬가 되기 때문에 무스 틀
크기와 밸런스를 맞춰 짜는 것이 좋다. 또한 이렇게 짠 패션프루트 버터크림은 완전히
굳히지 않으면 무스를 부을 때 모양이 번지거나 흐트러질 수 있다.

VERRINE
au Melon

멜론 베린

투명한 컵 속 연두색 멜론과 투명한 젤리가 청량한 느낌을 자아내는 여름 디저트.
젤라틴과 아가 두 종류의 응고제로 만들어진 두 가지 젤리에 우유 푸딩과
멜론 과육까지 더해져 네 가지 다채로운 식감을 즐길 수 있다.

02

Quantity
160㎖ 컵 10개 분량

VERRINE
au Melon

A 우유 푸딩
우유 210g
아몬드 슬라이스 60g
젤라틴 6g
설탕 55g
생크림 160g
아몬드 리큐어 20㎖
-

B 멜론 젤리
물 370g
레몬 껍질 ¼개 분량
설탕 85g
펄 아가 18g
레몬즙 9g
멜론 시럽 30g
-

C 샴페인 젤리
물 150g
설탕 100g
젤라틴 8g
레몬즙 15g
샴페인 200g

A 우유 푸딩

1 냄비에 우유를 넣고 끓기 직전까지 가열한 다음 가볍게 로스팅한 아몬드 슬라이스를 넣고 랩으로 감싸 약 10분 동안 우린다.
2 체에 걸러 중량이 200g이 되도록 우유(분량 외)를 보충한다.
3 다시 냄비에 옮겨 가열한 뒤 얼음물에 불려 물기를 제거한 젤라틴과 설탕을 넣고 녹인다.
4 20℃까지 식혀 생크림을 넣고 섞은 다음 아몬드 리큐어를 넣고 섞는다.
   tip. 아몬드 리큐어는 토치 아마레또를 사용했다.
5 컵에 40~45g씩 넣은 뒤 냉장고에서 굳힌다.

B 멜론 젤리

1 물을 끓인 뒤 레몬 껍질을 넣고 랩으로 감싸 30분 동안 우린다.
2 레몬 껍질을 제거한 뒤 다시 끓이고 함께 섞은 설탕과 펄 아가를 넣어 녹인 다음 불에서 내린다.
   tip. 펄 아가는 설탕과 섞어 두고 끓는 물에 넣은 뒤에도 끓는 상태를 1분 동안 유지해야 완전히 녹일 수 있다. 펄 아가를 끓는 물에 넣더라도 완전히 녹지 않으면 응고력이 약해질 수 있어 주의해야 한다.
3 레몬즙과 멜론 시럽을 넣고 섞은 뒤 트레이에 부어 열이 느껴지지 않을 때까지 식힌다.
4 냉장고에 넣어 굳힌다.

C 샴페인 젤리

1 냄비에 물과 설탕을 넣고 끓인다.
2 얼음물에 불려 물기를 제거한 젤라틴과 레몬즙을 넣고 섞은 뒤 20℃까지 식힌다.
3 샴페인을 넣고 섞은 뒤 트레이에 붓고 랩을 밀착시켜 냉장고에서 굳힌다.

조합

멜론 적당량

애플민트 적당량

조합

1 B(멜론 젤리)를 숟가락으로 떠서 A(우유 푸딩) 위에 50g씩 넣는다.

2 C(샴페인 젤리)를 숟가락으로 떠서 45g씩 넣고 멜론 젤리와 섞는다.

3 과일 스쿠퍼로 멜론 과육을 둥글게 뜬 뒤 중앙에 2개씩 넣는다.

　　tip. 멜론이 마르지 않도록 젤리 속으로 넣는다.

4 애플민트를 올려 마무리한다.

Baking point.

❶ 펄 아가로 만든 젤리는 이수 현상이 생기기 쉬워 굳힌 뒤 커다란 숟가락으로 큼직하게 떠올려 컵에 넣는 것이 좋다.

❷ 샴페인 젤리에 사용하는 샴페인을 차가운 상태로 넣으면 응고시키는 시간을 단축할 수 있다.

❸ 젤라틴은 가루 젤라틴과 판 젤라틴 두 가지 종류가 있는데 가루 젤라틴은 젤라틴 양의 5배의 물을 넣고 불려 사용하고, 판 젤라틴은 얼음물에 넣어 부드러워 질 때까지 불린 뒤 여분의 물을 짜낸 다음 사용한다. 가루 젤라틴과 판 젤라틴은 동량으로 대체 가능하며 50℃ 이상의 따뜻한 액체에 넣어 녹이거나 중탕으로 녹인 다음 반죽에 넣고 섞는다.

❹ 젤라틴의 주요 성분은 동물성 단백질인 콜라겐이며 옅은 노란색을 띤다. 만약 젤라틴을 단백질 분해 효소를 가지고 있는 생과일과 함께 사용할 경우 잘 굳지 않을 수 있다. 반면 해조류 성분의 펄 아가는 흰색의 분말 형태이지만 녹이면 투명해져 투명한 젤리 등을 만들 때 사용한다.

❺ 젤라틴으로 만든 젤리는 탱글탱글하고 아가로 만든 젤리는 부드럽게 뭉개지는 식감이 특징이다.

바
질

망
고

롤
케
이
크

GÂTEAU ROULÉ
À LA MANGUE
et au basilic

바질을 넣어 향긋한 시트에 바질과 잘 어울리는 망고 크림을 펴 바르고
돌돌 말아 롤케이크를 만들었다. 건조 망고와 트로피컬 파트 드 프뤼이를 장식해
여름 느낌을 더하고 상큼한 맛과 식감을 주었다.

03

Quantity
폭 3.5㎝ 롤케이크 조각 10개 분량

107

GÂTEAU
ROULÉ À LA
MANGUE
et au basilic

🌀 비스퀴 조콩드 ▶ 3

A 바질 페스토

바질 20g

레몬즙 5g

올리브오일 35g

–

B 바질 비스퀴 조콩드

아몬드파우더 86g

슈거파우더 86g

달걀 67g

노른자 52g

흰자 170g

설탕 70g

트레할로스 16g

A(바질 페스토) 28g

박력분 76g

C 망고 초코 크림

화이트초콜릿 100g

생크림A 50g

트리몰린 15g

망고 퓌레 60g

생크림B 250g

–

D 파트 드 프뤼이

패션프루트 퓌레 60g

망고 퓌레 190g

물엿 80g

설탕A 130g

트레할로스 150g

설탕B 25g

펙틴 12g

구연산 6g

물 6g

A 바질 페스토

1 바질의 줄기를 제거한 뒤 레몬즙과 올리브오일을 넣어 버무리고 냉장고에 20~30분 정도 재워 둔다.

2 차가운 상태에서 믹서로 곱게 간다.

   tip. 변색을 방지하기 위해 냉장고에 보관하고 3일 이내에 사용한다.

B 바질 비스퀴 조콩드 🌀 ▶ 3

1 볼에 함께 체 친 아몬드파우더와 슈거파우더, 달걀, 노른자를 넣고 뽀얗게 될 때까지 휘핑한다.

2 믹서볼에 흰자를 넣은 다음 설탕과 트레할로스를 3번에 나누어 넣으며 휘핑해 머랭을 만든다.

3 1에 A(바질 페스토)를 넣고 섞은 뒤 머랭을 2번에 나누어 넣고 섞는다.

4 체 친 박력분을 넣고 섞는다.

5 유산지를 깐 43×34㎝ 크기의 베이킹팬에 반죽을 부어 평평하게 펼치고 윗불과 아랫불 모두 190℃로 예열한 데크 오븐에서 12분 정도 굽는다.

C 망고 초코 크림

1 화이트초콜릿을 중탕으로 녹인다.

2 냄비에 생크림A, 트리몰린, 망고 퓌레를 넣어 끓기 직전까지 데운 뒤 1에 넣고 유화시킨다.

3 28℃ 정도로 식힌 다음 생크림B와 섞고 냉장고에서 차가워질 때까지 보관한다.

D 파트 드 프뤼이

1 냄비에 패션프루트 퓌레, 망고 퓌레, 물엿, 설탕A, 트레할로스를 넣고 섞어 40℃까지 가열 한다.

2 설탕B와 펙틴을 잘 섞은 뒤 1에 넣고 덩어리가 생기지 않도록 저으면서 106℃까지 끓인다.

3 구연산과 물을 섞어 중탕으로 녹인 다음 2에 넣고 섞는다.

4 실리콘 매트 위에 18㎝ 크기의 정사각형 무스케이크 틀을 올리고 3을 붓는다.

5 실온에서 굳힌 뒤 틀에서 빼 1㎝와 2㎝ 크기의 큐브 모양으로 자른다.

6 2㎝ 크기로 자른 파트 드 프뤼이 겉면에 설탕(분량 외)을 묻힌다.

조합

망고 적당량
샹티이 크림 200g
망고 퓌레 30g
나파주 30g
건조 망고 10조각
타임 적당량

조합

1 B(바질 비스퀴 조콩드)에 C(망고 초코 크림)를 펼쳐 바른다.
2 적당한 크기로 자른 망고 과육과 1㎝ 크기로 자른 D(파트 드 프뤼이)를 골고루 올리고
   돌돌 만다.
3 겉면에 샹티이 크림을 바른 뒤 망고 퓌레와 나파주를 섞어 얇게 모양 내 짠다.
   tip. 샹티이 크림은 생크림 200g, 설탕 14g으로 만든다.
4 완성된 롤케이크의 양 끝을 반듯하게 잘라 다듬고 3.5㎝ 폭으로 재단한다.
5 윗면에 남은 샹티이 크림을 모양 내 짠 다음 건조 망고, 2㎝ 크기로 자른 D(파트 드
   프뤼이), 타임으로 장식한다.

Baking point. 바질 페스토는 줄기를 제거하고 잎만 사용하면 입자가 고운 페스토를 만들 수 있다.
단, 냉장 보관하더라도 시간이 지날수록 변색이 되기 때문에 만들어 바로 사용하는 것이 좋다.

파인애플 코코넛 타르틀레트

ANANAS
coco

코코넛과 파인애플로 구성한 여름 디저트.
파인애플과 바나나를 구우면 단맛이 더욱 진해지고 과육이 부드러워져
생과일을 먹을 때와는 또 다른 맛을 즐길 수 있다.

──────────────── 04

Quantity
지름 8㎝ 원형 타르틀레트 10개 분량

ANANAS
coco

⬤ 파트 브리제 ▶5   ⬤ 크렘 파티시에르 ▶2

A 브리제 반죽
- 박력분 240g
- 소금 2g
- 버터 125g
- 찬물 60g
- 노른자 20g
-

B 파티시에 크림
- 우유 200g
- 노른자 50g
- 설탕 40g
- 바닐라 오일 적당량
- 박력분 20g
- 버터 15g
-

C 코코넛 프랑지판 크림
- 발효 버터 60g
- 슈거파우더 60g
- 달걀 60g
- 코코넛파우더 25g
- 아몬드파우더 40g
- B(파티시에 크림) 80g
- 코코넛 리큐어 10g
-

D 디플로마트 크림
- B(파티시에 크림) 180g
- 생크림 40g
-

E 코코넛 머랭
- 흰자 100g
- 설탕 100g
- 슈거파우더 100g
- 코코넛파우더 적당량

A 브리제 반죽 ⬤ ▶5
1 볼에 체 쳐 차갑게 보관한 박력분, 소금, 큐브 모양으로 자른 버터를 넣고 자르듯이 섞는다.
2 찬물과 노른자를 섞는다.
3 1을 작업대로 옮긴 뒤 가운데 공간을 만들어 2를 넣고 조금씩 섞어 한 덩어리로 뭉친다.
4 평평하게 누르고 반으로 잘라 겹쳐 올리는 작업을 여러 번 반복한다.
5 랩으로 감싸 냉장고에서 1시간 동안 휴지시킨다.

B 파티시에 크림 ⬤ ▶2
1 냄비에 우유를 넣고 데운다.
2 볼에 노른자, 설탕, 바닐라 오일을 넣고 섞은 뒤 체 친 박력분을 넣고 섞는다.
3 1을 조금씩 넣으며 섞은 다음 체에 내려 다시 냄비로 옮긴다.
4 점성이 생기고 광택이 날 때까지 저으면서 끓인다.
5 버터를 넣고 섞은 다음 트레이로 옮겨 랩을 밀착시킨 뒤 냉장고에서 식힌다.

C 코코넛 프랑지판 크림
1 볼에 부드러운 발효 버터와 슈거파우더를 넣고 섞는다.
2 달걀을 조금씩 나누어 넣으면서 섞는다.
3 함께 체 친 코코넛파우더와 아몬드파우더를 넣고 섞는다.
4 부드럽게 푼 B(파티시에 크림)를 넣고 섞은 뒤 코코넛 리큐어를 넣고 섞는다.

D 디플로마트 크림
1 부드럽게 푼 B(파티시에 크림)와 단단하게 휘핑한 생크림을 섞는다.

E 코코넛 머랭
1 흰자에 설탕을 나누어 넣으며 휘핑해 단단한 머랭을 만든다.
2 체 친 슈거파우더를 넣고 섞은 뒤 지름 6mm 원형 깍지를 낀 짤주머니에 담는다.
3 베이킹팬에 일직선으로 길게 짠 다음 다진 코코넛파우더를 뿌려 윗불과 아랫불 모두 100℃로 예열한 데크 오븐에서 1시간 정도 굽는다.

ccccccc

ccccccccccc

조합

바나나 적당량
파인애플 적당량
나파주 적당량
레드커런트 적당량
다진 피스타치오 적당량
코코넛 슬라이스 적당량
샹티이 크림 적당량

조합

1 A(브리제 반죽)를 3mm 두께로 밀어 편 뒤 피케하고 지름 8cm, 높이 2cm 원형 타르트 틀에 퐁사주한다.

2 C(코코넛 프랑지판 크림)를 10등분해 나누어 넣는다.

3 큐브 모양으로 자른 바나나와 파인애플을 올려 윗면을 채우고 윗불과 아랫불 모두 180℃로 예열한 데크 오븐에서 30분 정도 구운 뒤 식힌다.

4 가운데에 D(디플로마트 크림)를 물방울 모양으로 짠 다음 나파주를 바른 파인애플을 둘러 가며 붙인다.

5 레드커런트를 군데군데 붙여 장식한다.

6 다진 피스타치오를 뿌리고 옆면에 가볍게 로스팅한 코코넛 슬라이스를 붙인다.

7 윗부분에 샹티이 크림을 봉긋하게 짠 뒤 E(코코넛 머랭)를 붙여 완성한다.

Baking point.

❶ 프랑지판 크림(Crème frangipane)은 아몬드 크림에 파티시에 크림을 섞은 크림으로 아몬드파우더의 일부를 코코넛파우더로 대체해 코코넛 프랑지판 크림을 만들어 사용했다.

❷ 디플로마트 크림은 너무 많이 섞으면 묽어질 수 있어 주의해야 한다. 특히 이 제품에서는 파인애플을 고정시키는 역할도 하기 때문에 묽지 않게 만들어야 한다.

❸ 브리제 반죽으로 만든 타르트 셸은 고소한 맛을 내기 위해 구움색이 짙게 나도록 충분히 굽는다.

GRANADILLA

딸기 케이크를 대표하는 프레지에를 열대 과일을 사용해 재해석했다.
앙글레즈의 우유를 퓌레로 대체해 산뜻하게 완성된 크림이
과일 고유의 단맛을 한층 더 돋보이게 만든다.

그라나딜라

05

Quantity
3.5×8.5㎝ 직사각형 케이크 8개 분량

GRANADILLA

🍳 비스퀴 조콩드 ▶3   🥄 크렘 오 뵈르 아 랑글레즈 ▶9

A 장식용 반죽
버터 30g
슈거파우더 30g
흰자 30g
코코아파우더 3g
박력분 27g
-

B 비스퀴 조콩드
아몬드파우더 90g
슈거파우더 90g
노른자 90g
달걀 70g
흰자 135g
설탕 90g
박력분 72g
버터 15g
-

C 패션프루트 버터크림
패션프루트 퓌레 120g
트로피컬 퓌레 50g
설탕 95g
노른자 60g
젤라틴 3g
버터 170g
-

D 앙비바주 시럽
18보메 시럽 60g
럼 6g
-

E 패션프루트 글라사주
패션프루트 퓌레 20g
트로피컬 퓌레 20g
나파주 50g

A 장식용 반죽

1 부드럽게 푼 버터에 슈거파우더를 넣고 섞는다.
2 실온에 보관한 흰자를 조금씩 넣으며 섞는다.
3 함께 체 친 코코아파우더와 박력분을 넣고 섞는다.
4 베이킹 시트를 깐 43×34㎝ 크기의 베이킹팬에 반죽을 얇고 평평하게 펼친다.
5 부아제트로 물결무늬를 낸 뒤 냉동고에서 굳힌다.
  tip. 부아제트(Boisette): 나무 나이테 무늬 등을 내는 고무나 실리콘 소재의 제과
  도구이다. 한쪽에 빗살이 달려있다.

B 비스퀴 조콩드 🍳▶3

1 볼에 함께 체 친 아몬드파우더와 슈거파우더, 노른자, 달걀을 넣고 뽀얗게 될 때까지
  휘핑한다.
2 다른 볼에 흰자를 넣은 다음 설탕을 2~3번 나누어 넣으며 휘핑해 머랭을 만든다.
3 1에 머랭을 2번에 나누어 넣고 섞은 뒤 체 친 박력분을 넣고 섞는다.
4 녹인 버터를 넣고 섞는다.
5 A(장식용 반죽) 위에 붓고 평평하게 펼친 뒤 윗불과 아랫불 모두 200℃로 예열한 데크
  오븐에서 14분 정도 굽는다.
6 완전히 식힌 다음 두께 1.5㎝, 18㎝ 정사각형으로 2장 재단한다.

C 패션프루트 버터크림 🥄▶9

1 냄비에 패션프루트 퓌레, 트로피컬 퓌레, 설탕의 절반을 넣고 데운다.
2 볼에 노른자와 남은 설탕을 넣고 섞는다.
3 2에 1을 조금씩 넣으며 섞는다.
4 다시 냄비에 옮겨 약불에서 농도가 걸쭉해지는 82℃까지 저으면서 가열한다.
5 얼음물에 불려 물기를 제거한 젤라틴을 넣고 섞은 뒤 체에 거른다.
6 얼음물을 받쳐 28℃까지 식힌 다음 22℃의 부드러운 버터와 섞는다.

D 앙비바주 시럽

1 볼에 모든 재료를 넣고 섞는다.
  tip. 18보메 시럽은 물과 설탕을 2:1의 비율로 섞어 만든다.

E 패션프루트 글라사주

1 냄비에 두 가지 퓌레를 넣고 분량이 반으로 줄어들 때까지(약 20g) 졸인다.
2 나파주와 섞는다.

F 이소말트 장식

이소말트 적당량

-

조합

키위 적당량
체리 적당량
블루베리 적당량
바나나 적당량
망고 적당량
레드커런트 적당량
애플민트 적당량

F 이소말트 장식

1 베이킹팬 위에 실리콘 매트를 깐 다음 이소말트를 뿌린다.
2 다른 실리콘 매트 한 장으로 덮은 다음 윗불과 아랫불 모두 160℃로 예열한 데크 오븐에서 10분 정도 구운 뒤 식힌다.

    tip 식히기 전, 액체 상태일 때 모양을 내거나 식용 색소를 섞으면 다양한 모양으로 응용할 수 있다.

조합

1 18㎝ 크기의 정사각형 무스케이크 틀에 B(비스퀴 조콩드) 한 장을 윗면이 아래쪽을 향하게 넣는다.
2 D(앙비바주 시럽)를 바른 뒤 C(패션프루트 버터크림)를 골고루 짠다.
3 적당한 크기로 손질한 각종 과일을 먼저 틀의 옆면에 붙여 채우고 가운데 부분에도 빈공간이 없도록 채워 넣는다.
4 C(패션프루트 버터크림)를 다시 한 번 짜서 빈 공간을 채우고 윗면을 평평하게 정리한다.

    tip. 윗면에 바를 버터크림을 소량 남겨 놓는다.

5 나머지 B(비스퀴 조콩드) 한 장을 올린다.
6 윗면에 남겨 놓은 C(패션프루트 버터크림)를 얇게 바른 뒤 냉장고에서 차갑게 굳힌다.
7 틀에서 빼 E(패션프루트 글라사주)를 바른다.
8 3.5×8.5㎝로 8조각을 자른 다음 F(이소말트 장식), 레드커런트, 애플민트를 올려 장식한다.

Baking point.

❶ 장식용 반죽으로 모양을 낸 비스퀴 조콩드는 구운 뒤에 바로 베이킹 시트를 떼어 내지 않으면 장식용 반죽이 벗겨 질 수 있다.
❷ 장식용 반죽의 모양이 잘 보이도록 윗면의 버터크림은 얇게 바른다.

TROPICAL

트
로
피
컬

열대 과일인 패션프루트, 파인애플, 코코넛을 활용해 만든 디저트로
여름과 무척 잘 어울린다. 무스의 부드러운 식감, 패션프루트와 파인애플의 산미,
코코넛의 단맛이 균형을 이루는 게 중요하다.

06

Quantity
지름 7.5㎝, 220㏄ 용량의 컵 6개 분량

TROPICAL

머랭그 이탈리엔느 ▶6

A 파인애플 즐레

파인애플 200g
패션프루트 퓌레 80g
물 40g
설탕 80g
HM 펙틴 4g

-

B 패션프루트 무스

패션프루트 퓌레 53g
설탕 24g
젤라틴 1.6g
생크림 80g

-

C 이탈리안 머랭

물 25g
설탕 58g
흰자 42g

-

D 코코넛 무스

코코넛 퓌레 81g
설탕 12g
젤라틴 4g
생크림 120g
C(이탈리안 머랭) 40g

-

E 파인애플 칩

물 200g
트레할로스 100g
파인애플 6장
(3mm 두께 슬라이스)

A 파인애플 즐레

1 파앤애플을 5mm 크기의 큐브 모양으로 자른다.
2 냄비에 패션프루트 퓌레, 물, 설탕의 일부를 넣고 40℃가 될 때까지 가열한다.
3 함께 섞어둔 남은 설탕과 HM 펙틴을 넣고 끓인다.
4 파인애플을 넣고 살짝 졸인다.

B 패션프루트 무스

1 냄비에 패션프루트 퓌레와 설탕을 넣고 50℃까지 데운다.
2 얼음물에 불려 물기를 제거한 젤라틴을 넣고 녹인다.
3 얼음물에 받쳐 22℃까지 식힌 다음 70%까지 휘핑한 생크림을 넣고 섞는다.

C 이탈리안 머랭 ▶6

1 냄비에 물과 설탕을 넣고 118℃까지 끓인다.
2 볼에 흰자를 넣고 거품이 충분히 일 때까지 휘핑한 다음 1을 조금씩 나누어 넣으며 휘핑해 단단한 머랭을 만든다.

D 코코넛 무스

1 코코넛 퓌레에 설탕을 넣어 50℃까지 데운다.
2 얼음물에 불려 물기를 제거한 젤라틴을 넣고 섞는다.
3 25℃까지 식힌 뒤 70%까지 휘핑한 생크림을 넣고 섞는다.
4 C(이탈리안 머랭)를 넣고 섞는다.

E 파인애플 칩

1 냄비에 물과 트레할로스를 넣고 끓인다.
2 파인애플을 30분 동안 담가 놓는다.
3 파인애플을 건져 베이킹 시트 위에 펼쳐 놓고 2일간 건조 시킨다.

조합

패션프루트 1개
애플민트 적당량
화이트초콜릿 장식물 6개

조합

1 지름 7.5㎝컵(220㏄ 용량)에 A(파인애플 즐레)를 20g씩 넣은 뒤 냉동고에서 굳힌다.

2 B(패션프루트 무스)를 짤주머니에 담아 1 위에 25g씩 평평하게 짠 다음 냉동고에서 굳힌다.

3 D(코코넛 무스)를 짤주머니에 담아 2 위에 40g씩 평평하게 짜고 냉동고에서 굳힌다.

4 남은 A(파인애플 즐레)를 25g씩 올린다.

5 패션프루트의 속을 긁어 6등분해 나누어 넣고 애플민트를 올린다.

6 컵 위에 E(파인애플 칩)를 올린 뒤 중앙에 노란색 색소를 입힌 화이트초콜릿 장식물을 올린다.

Baking point.

❶ 이탈리안 머랭은 양이 너무 적으면 만들기 어렵기 때문에 적당한 양을 만든 뒤 필요한 분량을 계량해 사용하는 것이 좋다.

블루베리 무스케이크

GÂTEAU
aux myrtilles

산뜻한 맛의 블루베리 요거트 무스케이크.
블루베리 무스는 이탈리안 머랭을 사용해 가벼우면서
입안에서 부드럽게 녹고 요거트 무스는 플레인 요거트,
크림치즈, 사워크림을 넣어 진한 우유 풍미를 느낄 수 있다.
요거트와 궁합이 잘 맞는 과일이라면 어떤 과일로도 응용이 가능하다.

07

Quantity
지름 7㎝, 높이 3.5㎝ 돔 모양 무스케이크 12개 분량

GÂTEAU
aux myrtilles

🍮 비스퀴 조콩드 ▶3   🥄 크렘 앙글레즈 ▶4
🥄 머랭그 이탈리엔느 ▶6

A 비스퀴 조콩드
아몬드파우더 100g
슈거파우더 100g
달걀 150g
흰자 75g
설탕 30g
박력분 30g
버터 20g
-

B 요거트 무스
크림치즈 30g
플레인 요거트 30g
우유 30g
노른자 10g
설탕 10g
젤라틴 1g
생크림 50g
레몬즙 3g
-

C 블루베리 무스
블루베리 퓌레 250g
젤라틴 8g
생크림 250g
쿠앵트로 25g
흰자 60g
설탕 60g
물 20g
-

D 블루베리 글라사주
나파주(가열용) 400g
물엿 150g
설탕 44g
물 120g
블루베리 퓌레 20g

A 비스퀴 조콩드 🍮▶3
1 볼에 함께 체 친 아몬드파우더와 슈거파우더, 달걀을 넣고 뽀얗게 될 때까지 휘핑한다.
2 다른 볼에 흰자를 넣은 다음 설탕을 2~3번 나누어 넣으며 휘핑해 머랭을 만든다.
3 1에 머랭을 2번에 나누어 넣고 섞은 뒤 체 친 박력분을 넣고 섞는다.
4 60℃로 녹인 버터를 넣고 섞는다.
5 유산지를 깐 43×34cm 크기의 베이킹팬에 반죽을 부어 평평하게 펼치고 윗불과
아랫불 모두 200℃로 예열한 데크 오븐에서 10분 동안 굽는다.
6 식힌 뒤 지름 6.7cm 원형 틀을 이용해 12개를 찍어 낸다.

B 요거트 무스 🥄▶4
1 크림치즈를 부드럽게 푼 다음 플레인 요거트를 넣고 섞는다.
2 볼에 우유, 노른자, 설탕을 넣고 섞어 중탕으로 저으면서 걸쭉해질 때까지 가열해
앙글레즈 크림을 만든다.
3 얼음물에 불려 물기를 제거한 젤라틴을 넣고 녹여 체에 거른다.
4 1에 3을 넣고 섞은 뒤 얼음물을 받쳐 식힌다.
5 70%까지 휘핑한 생크림을 넣고 섞는다.
6 레몬즙을 넣고 섞는다.
7 지름 3cm 컵 모양 실리콘 몰드에 12g씩 넣은 뒤 냉동고에서 굳힌다.

C 블루베리 무스 🥄▶6
1 냄비에 블루베리 퓌레를 넣어 50℃까지 데운 다음 얼음물에 불려 물기를 제거한
젤라틴을 넣고 녹인다.
2 얼음물을 받쳐 16℃까지 식힌다.
3 생크림에 쿠앵트로를 넣고 70%까지 휘핑한다.
4 2에 3을 넣고 섞는다.
5 볼에 흰자를 넣고 거품이 일 때까지 휘핑한다.
6 다른 냄비에 설탕과 물을 넣고 118℃까지 끓인 뒤 5에 흘려 넣으며 휘핑해 이탈리안
머랭을 만든다.
7 4에 이탈리안 머랭을 넣고 섞는다.

D 블루베리 글라사주
1 냄비에 블루베리 퓌레를 제외한 모든 재료를 넣고 끓인다.
2 블루베리 퓌레를 넣고 섞는다.

조합

샹티이 크림 적당량
블루베리 24개
화이트초콜릿 장식 12개
처빌 적당량

조합

1 지름 7cm, 높이 3.5cm 돔 모양 실리콘 몰드에 C(블루베리 무스)를 70%까지 넣는다.

2 몰드에서 뺀 B(요거트 무스)를 중앙에 눌러 넣은 뒤 남은 C(블루베리 무스)를 약
   90%까지 넣는다.

3 A(비스퀴 조콩드)를 올려 냉동고에서 굳힌다.
   tip. 비스퀴 조콩드가 몰드 바깥으로 나가지 않도록 올린다.

4 뒤집어 몰드에서 뺀 3의 겉면에 70℃로 데운 D(블루베리 글라사주)를 부어 코팅한다.
   tip. 글라사주를 얇게 씌우기 위해 70℃로 데운다.

5 윗면에 샹티이 크림을 짜고 블루베리 2개, 화이트초콜릿 장식물, 처빌을 올려
   장식한다.
   tip. 샹티이 크림은 생크림 100g, 설탕 7g으로 만들어 사용한다.

Baking point. 실리콘 몰드에 무스를 넣은 뒤 냉동고에서 완전히 굳히지 않으면 실리콘 몰드에서
온전하게 빼낼 수 없을 뿐만 아니라 글라사주에 의해 녹을 수 있다.

GÂTEAU
au Citron

레몬 케이크

레몬 크림의 상큼함이 돋보이는 버터케이크. 이탈리안 머랭을 넣은 버터크림의
가벼운 식감이 레몬의 새콤한 맛과 더욱 잘 어우러진다. 시트와 크림을 교차해 층층이
쌓아 올렸기 때문에 제누아즈와 레몬 크림의 맛을 각각 온전히 즐길 수 있다.

08

Quantity
9×3㎝ 직사각형 케이크 12개 분량

GÂTEAU
au Citron

파트 아 제누아즈 ▶1   머랭그 이탈리엔느 ▶6

크렘 오 뵈르 아 라 머랭그 이탈리엔느 ▶7

A 레몬 제누아즈
설탕 126g
레몬 제스트 ½개 분량
달걀 280g
박력분 112g
버터 42g

\-

B 레몬 크림
레몬즙 90g
달걀 123g
설탕 165g
버터 60g
노란색 식용 색소 소량

\-

C 이탈리안 머랭
흰자 120g
설탕A 40g
물 75g
설탕B 200g

\-

D 레몬 버터크림
버터 160g
C(이탈리안 머랭) 110g
B(레몬 크림) 300g

\-

E 레몬 칩
레몬 1개 분량
물 100g
트레할로스 50g

A 레몬 제누아즈 ⓦ ▶1
1 볼에 설탕과 레몬 제스트를 넣고 섞는다.
2 믹서볼에 달걀과 1을 넣어 섞은 뒤 중탕으로 체온 정도까지 데운다.
3 뤼방 상태가 될 때까지 고속으로 믹싱한 뒤 저속으로 속도를 낮춰 큰 기포를 분산시킨다.
4 체 친 박력분을 넣고 고르게 섞는다.
5 녹인 버터에 반죽의 일부를 넣고 섞은 다음 다시 남은 반죽에 넣고 섞는다.
6 유산지를 깐 43×34㎝ 크기의 베이킹팬에 부어 평평하게 펼치고 윗불과 아랫불 모두 200℃로 예열한 데크 오븐에서 9분 정도 굽는다.
7 식힌 뒤 9×40㎝ 직사각형으로 3장 자른다.

B 레몬 크림
1 볼에 모든 재료를 넣고 섞은 뒤 중탕으로 농도가 걸쭉해질 때까지(75~80℃ 정도) 저으면서 데운다.
  tip. 중탕물은 끓는 상태를 계속 유지하고 반죽에 기포가 생기지 않도록 주의한다.
2 체에 거른 뒤 100g을 계량해 마무리용으로 덜어 두고 나머지는 D(레몬 버터크림)와 섞어 사용한다.

C 이탈리안 머랭 ⓢ ▶6
1 흰자에 설탕A를 나누어 넣으며 휘핑한다.
2 냄비에 물과 설탕B를 넣고 118℃까지 끓인 뒤 1에 조금씩 흘려 넣으며 고속으로 휘핑해 단단한 머랭을 만든다.

D 레몬 버터크림 ⓢ ▶7
1 부드러운 버터에 C(이탈리안 머랭)를 넣고 섞는다.
2 B(레몬 크림)를 넣고 섞는다.

E 레몬 칩
1 깨끗하게 세척한 레몬을 세로로 반을 자른 다음 3㎜ 두께로 슬라이스한다.
2 냄비에 물과 트레할로스를 넣고 끓인다.
3 트레이에 슬라이스한 레몬을 펼쳐 넣고 2를 붓는다.
4 랩을 밀착시켜 30분 정도 둔다.
5 레몬을 건져 베이킹 시트 위에 올린 뒤 2일간 건조시킨다.

조합

코코넛파우더 적당량
레몬 껍질 적당량
타임 적당량

조합

1 A(레몬 제누아즈) 1장에 D(레몬 버터크림) ⅓을 올려 평평하게 바른다.
2 다시 A(레몬 제누아즈) 1장, D(레몬 버터크림) ⅓을 올려 펴 바른다.
3 남은 A(레몬 제누아즈)를 올리고 윗면과 옆면을 남은 D(레몬 버터크림)로 아이싱한다.
4 마무리용으로 덜어둔 B(레몬 크림) 100g을 윗면에 펴 바른다.
5 옆면에 코코넛파우더를 붙인다.
6 3cm 폭으로 잘라 12 조각을 만든다.
7 장미 꽃잎 모양깍지를 낀 짤주머니에 남은 C(이탈리안 머랭)를 담아 케이크 윗면에
　지그재그로 짠 다음 토치로 그을린다.
8 E(레몬 칩), 잘게 썬 레몬 껍질, 타임을 올려 장식한다.

Baking point.

❶ 레몬 제누아즈는 기공이 조밀해야 부드러운 식감으로 만들 수 있으므로 공기 포집을
　과하게 하지 않도록 주의한다.
❷ 레몬 칩을 만들 때 설탕 대신 트레할로스를 사용하면 설탕과 달리 캐러멜화가 되지
　않아 보다 투명하고 레몬의 색이 선명하게 유지된 상태로 만들 수 있다.

MIEL

꿀의 풍미를 살린 무스케이크로 꿀벌과 벌집을 연상하게 하는
독특한 모양이 눈길을 끈다. 색이 거의 비슷한 이그조틱 무스와
꿀 크림 사이에 붉은 산딸기를 넣어 색감에 대비를 주었다.

미엘

09

Quantity
지름 6㎝, 높이 3.5㎝ 육각형 무스케이크 12개 분량

MIEL

🍪 비스퀴 조콩드 ▶3   🥄 크렘 앙글레즈 ▶4
🥄 머랭그 이탈리엔느 ▶6

A 초콜릿 비스퀴 조콩드
아몬드파우더 70g
슈거파우더 70g
달걀 100g
흰자 130g
설탕 50g
박력분 60g
코코아파우더 20g
버터 25g
-

B 가나슈
생크림 30g
다크초콜릿 30g
-

C 꿀 크림
꿀 50g
노른자 35g
생크림 135g
젤라틴 2g
냉동 산딸기 12개

D 이탈리안 머랭
설탕 75g
물 30g
흰자 45g
-

E 이그조틱 무스
트로피컬 퓌레 250g
꿀 40g
젤라틴 7g
생크림 140g
D(이탈리안 머랭) 60g

A 초콜릿 비스퀴 조콩드 🍪 ▶3
1 볼에 함께 체 친 아몬드파우더와 슈거파우더, 달걀을 넣고 뽀얗게 될 때까지 휘핑한다.
2 믹서볼에 흰자를 넣은 다음 설탕을 2~3번 나누어 넣으며 휘핑해 머랭을 만든다.
3 1에 머랭의 반을 넣고 섞은 뒤 함께 체 친 박력분과 코코아파우더를 넣고 섞는다.
4 남은 머랭을 넣고 섞은 다음 녹인 버터를 넣고 섞는다.
5 유산지를 깐 43×34cm 크기의 베이킹팬에 반죽을 부어 평평하게 펼치고 윗불과
  아랫불 모두 200℃로 예열한 데크 오븐에 8분 정도 굽는다.
6 완전히 식혀 5mm 두께로 슬라이스한 다음 지름 4cm 원형 틀로 12개를 찍어 낸다.

B 가나슈
1 냄비에 생크림을 넣고 데운다.
2 볼에 다크초콜릿을 넣고 1을 부어 녹인 다음 잘 유화시킨다.

C 꿀 크림 🥄 ▶4
1 볼에 꿀과 노른자를 넣고 섞는다.
2 냄비에 생크림을 넣고 데운 뒤 1에 나누어 넣으며 섞는다.
3 다시 냄비에 옮겨 약불에서 저으면서 되직해질 때까지 끓인다.
4 얼음물에 불려 물기를 제거한 젤라틴을 넣고 녹인 다음 식힌다.
5 지름 4cm, 높이 2cm 원통형 실리콘 몰드에 80~90%까지 부은 뒤 중앙에 냉동
  산딸기를 넣고 윗면을 평평하게 정리해 냉동고에서 굳힌다.

D 이탈리안 머랭 🥄 ▶6
1 냄비에 설탕과 물을 넣고 118℃까지 끓인다.
2 70%까지 휘핑한 흰자에 조금씩 넣으며 고속으로 휘핑해 단단한 머랭을 만든다.

E 이그조틱 무스
1 트로피컬 퓌레와 꿀을 함께 데운다.
2 얼음물에 불려 물기를 제거한 젤라틴을 넣고 녹인 뒤 식힌다.
3 70%까지 휘핑한 생크림과 D(이탈리안 머랭)를 섞은 다음 2를 넣고 섞는다.

조합

나파주 50g
꿀 10g
레몬즙 5g
케이크 크럼 적당량
초콜릿 장식물 각 12개
처빌 적당량

조합

1 OPP 필름에 B(가나슈)를 얇게 펴 바른 다음 데커레이션용 스크레이퍼를 사용해
 일자로 긁어 무늬를 내고 냉동고에서 굳힌다.
2 굳힌 가나슈 위에 지름 6㎝, 높이 3.5㎝ 육각형 무스케이크 틀을 올리고 E(이그조틱
 무스)를 50%까지 넣는다.
3 중앙에 몰드에서 뺀 C(꿀 크림)를 살짝 눌러 넣고 남은 E(이그조틱 무스)를 90%까지
 넣는다.
4 A(초콜릿 비스퀴 조콩드)를 올리고 윗면을 평평하게 정리한 다음 냉동고에서 굳힌다.
5 뒤집어 틀에서 뺀 뒤 나파주, 꿀, 레몬즙을 섞어 윗면에 바르고 옆면 아래쪽에는 케이크
 크럼을 묻힌다.
6 벌집 모양, 벌 모양, 꽃 모양 초콜릿 장식물과 처빌을 올려 장식한다.

Baking point. 이탈리안 머랭의 거품이 견고해야 식감이 가벼워진다. 견고하게 만들기 위해서는
시럽의 온도와 넣는 타이밍이 중요하다.

CASINO

붉은 과일인 카시스와 산딸기를 주재료로 사용하고
새콤한 맛의 요거트 무스를 더했다. 산미가 있어 여름에 더욱 잘 어울리는
산뜻한 맛의 무스케이크이다. 은은하게 비치는 롤 무늬도 매력적이다.

카
지
노

10

Quantity
지름 6㎝ 돔 모양 무스케이크 20개 분량

CASINO

🌀 비스퀴 조콩드 ▶3   🍮 크렘 앙글레즈 ▶4

🍮 머랭그 이탈리엔느 ▶6

A 비스퀴 조콩드

아몬드파우더 100g

슈거파우더 100g

달걀 170g

흰자 100g

설탕 25g

박력분 26g

버터 30g

-

B 요거트 무스

우유 15g

설탕 30g

젤라틴 2.5g

플레인 요거트 90g

생크림 115g

레몬즙 5g

-

C 카지노 무스

카시스 퓌레A 30g

산딸기 퓌레A 70g

바닐라 페이스트 적당량

설탕A 25g

노른자 50g

젤라틴 6g

카시스 퓌레B 18g

산딸기 퓌레B 42g

산딸기 리큐어 40g

설탕B 160g

물 40g

흰자 80g

생크림 180g

A 비스퀴 조콩드 🌀 ▶3

1 믹서볼에 함께 체 친 아몬드파우더와 슈거파우더, 달걀을 넣고 뽀얗게 될 때까지 휘핑한다.

2 볼에 흰자를 넣은 다음 설탕을 2~3번 나누어 넣으며 휘핑해 머랭을 만든다.

3 1에 머랭을 2번에 나누어 넣고 섞은 뒤 체 친 박력분을 넣고 섞는다.

4 녹인 버터를 넣고 섞는다.

5 유산지를 깐 43×34㎝ 크기의 베이킹팬에 반죽을 부어 평평하게 펼치고 윗불 200℃, 아랫불 170℃ 데크 오븐에서 8분 정도 구운 뒤 식힌다.

6 지름 5㎝ 원형 틀을 이용해 20개를 찍어 낸다.

7 남은 비스퀴는 한 쪽 길이가 20㎝가 되도록 자른다.

B 요거트 무스

1 냄비에 우유와 설탕을 넣고 데운 뒤 얼음물에 불려 물기를 제거한 젤라틴을 넣어 녹인다.

2 볼에 플레인 요거트를 넣은 다음 1을 조금씩 나누어 넣으며 덩어리가 생기지 않도록 섞는다.

3 70%까지 휘핑한 생크림을 넣고 섞는다.

4 레몬즙을 넣고 섞은 다음 윗지름 4㎝, 높이 2㎝ 컵 모양 실리콘 몰드에 채우고 냉동고에서 굳힌다.

    tip. 레몬즙을 넣으면 갑자기 단단하게 굳을 수 있으니 빠르게 작업한다.

C 카지노 무스 🍮 ▶4 🍮 ▶6

1 냄비에 카시스 퓌레A, 산딸기 퓌레A, 바닐라 페이스트, 설탕A의 절반을 넣고 끓인다.

2 볼에 노른자와 남은 설탕A를 넣고 섞는다.

3 2에 1을 조금씩 넣으며 섞는다.

4 다시 냄비에 옮긴 뒤 82℃까지 저으면서 가열해 앙글레즈 크림을 만든다.

5 얼음물에 불려 물기를 제거한 젤라틴, 카시스 퓌레B, 산딸기 퓌레B, 산딸기 리큐어를 넣고 섞은 다음 체에 거른다.

6 다른 냄비에 설탕B와 물을 넣고 118℃까지 끓인다.

7 다른 볼에 흰자를 넣고 거품이 충분히 일 때까지 휘핑하다가 6을 흘려 넣으며 90%까지 휘핑해 이탈리안 머랭을 만든다.

8 이탈리안 머랭에 90%까지 휘핑한 생크림을 넣고 섞는다.

9 8에 5를 넣고 섞는다.

D 카시스 글라사주

산딸기 퓌레 50g
카시스 퓌레 50g
나파주(비가열용) 500g

–

E 초콜릿 크럼블

버터 150g
설탕 150g
박력분 150g
화이트초콜릿 150g

–

조합

산딸기잼 적당량
빨간색 식용 색소 적당량
샹티이 크림 적당량
화이트초콜릿 장식물 20개
식용 금박 적당량

D 카시스 글라사주

1 산딸기 퓌레와 카시스 퓌레를 섞어 체에 거른 뒤 나파주에 넣고 섞는다.

E 초콜릿 크럼블

1 푸드프로세서에 차갑게 보관한 버터, 설탕, 박력분을 넣고 갈아 사블라주 상태로
만든다.

2 베이킹팬에 펼쳐 놓고 윗불과 아랫불 모두 175℃로 예열한 데크 오븐에서 약 15~20분
동안 굽는다. 바깥쪽부터 구움색이 나기 때문에 굽는 도중에 바깥쪽과 가운데를 뒤섞어
균일한 색이 나올 때까지 굽는다.

3 식힌 뒤 녹인 화이트초콜릿과 섞어 지름 6.5㎝, 높이 1㎝ 원형 틀에 채우고 냉장고에서
굳힌다.
tip. 구워진 크럼블의 무게가 350g일 때 화이트초콜릿 150g을 사용한다. 또한 틀에 채울
때 너무 강하게 누르면 식감이 딱딱해질 수 있어 주의해야 한다.

조합

1 산딸기잼에 빨간색 식용 색소를 섞은 뒤 20㎝ 길이로 자른 A(비스퀴 조콩드)에 얇게
발라 돌돌 말아 냉동고에서 굳힌다.
tip. 잼을 얇게 발라야 예쁜 롤 형태를 만들 수 있다.

2 단단하게 굳은 롤을 5㎜ 폭으로 자른다.

3 지름 6㎝ 돔 모양 실리콘 몰드에 자른 롤의 단면이 보이도록 3개를 붙인다.

4 C(카지노 무스)를 반 정도 넣고 가운데에 몰드에서 뺀 B(요거트 무스)를 살짝 눌러
넣는다.

5 남은 C(카지노 무스)로 채우고 지름 5㎝ 원형 A(비스퀴 조콩드)를 올려 냉동고에서
굳힌다.

6 몰드에서 뺀 5의 겉면에 40℃로 데운 D(카시스 글라사주)를 씌운다.

7 틀에서 뺀 E(초콜릿 크럼블) 위에 샹티이 크림을 조금 짠 뒤 6을 올린다.

8 윗면에 샹티이 크림을 짠 다음 화이트초콜릿 장식물과 식용 금박을 올려 장식한다.

Baking point. 카시스 퓌레와 산딸기 퓌레는 오래 가열하면 색과 풍미가 옅어지기 때문에 절반은
가열하고 나머지는 가열하지 않은 것을 섞어 사용한다.

DITA

투명한 컵에 구성요소를 층층이 담아 단면이 아름다운 제품이다.
리치와 잘 어울리는 산딸기와 자몽을 함께 사용해
무스와 젤리를 만든 다음 장미 리큐어로 부드러운 향을 더했다.
긴 스푼을 사용해 한꺼번에 떠먹으면 더욱 맛있다.

디
타

11

Quantity
지름 5.5cm, 높이 9cm 컵 8개 분량

DITA

A 자몽 젤리

화이트 와인 50g
물 200g
설탕 60g
아가 7g
레몬즙 10g
패션프루트 리큐어 20g
루비 자몽 1개
산딸기 16개

-

B 리치 무스

리치 퓌레 150g
설탕 15g
젤라틴 5g
장미 리큐어 10g
생크림 180g

-

C 리치 젤리

리치 퓌레 180g
물 120g
레몬즙 10g
설탕 30g
아가 6g

-

조합

리치 적당량
산딸기 적당량
샹티이 크림 적당량
데코스노우 적당량
식용 장미 적당량
나파주 적당량
타임 적당량

A 자몽 젤리

1 냄비에 화이트 와인과 물을 넣고 끓인 뒤 잘 섞어 둔 설탕과 아가를 넣어 녹인다.
2 레몬즙과 패션프루트 리큐어를 넣어 섞는다.
3 8개의 컵에 나누어 붓는다.
4 과육만 발라 조각낸 루비 자몽과 산딸기를 2개씩 넣고 냉장고에서 굳힌다.

B 리치 무스

1 냄비에 리치 퓌레와 설탕을 넣고 섞으며 데운다.
2 얼음물에 불려 물기를 제거한 젤라틴을 넣고 녹인 다음 얼음물을 받쳐 걸쭉한 상태가
될 때까지 저으며 식힌다.
3 장미 리큐어와 70%까지 휘핑한 생크림을 넣고 섞는다.
4 A(자몽 젤리) 위에 나누어 부은 뒤 냉장고 또는 냉동고에서 굳힌다.

C 리치 젤리

1 냄비에 리치 퓌레, 물, 레몬즙을 넣어 끓인 뒤 잘 섞어 둔 설탕과 아가를 넣고 섞는다.
2 깨끗한 볼에 옮겨 차갑게 굳힌다.

조합

1 B(리치 무스) 위에 리치와 산딸기를 잘 보이게 넣은 다음 C(리치 젤리)를 스푼으로
떠 넣는다.
2 남은 공간을 샹티이 크림으로 채운 뒤 윗면에 데코스노우를 뿌린다.
3 식용 장미, 나파주, 타임으로 장식한다.

Baking point.

❶ 'DITA'는 리치 리큐어의 일종이다.
❷ 아가는 설탕과 잘 섞어 계량해 두고, 반드시 85℃이상으로 데운 액체와 섞어 사용한다.
❸ 리치 무스의 농도가 묽으면 층이 분리되지 않고 섞일 수 있어 주의해야 한다.

CAKE SALÉE
à la tomate

파운드케이크
토마토 살레

버터의 함량은 낮추고 요리에 사용하는 재료들을 더해
짭짤한 맛을 낸 파운드케이크이다.
가정에서도 간편하게 만들 수 있어 와인 등 술과 곁들이기 좋으며
한 끼 식사로도 손색이 없을 만큼 든든하다.

12

Quantity
21×8×6㎝ 파운드케이크 1개 분량

CAKE SALÉE
à la tomate

A 가르니튀르
    그린 올리브 35g
    블랙 올리브 35g
    드라이 토마토 60g
    베이컨 45g
    훈제 닭 가슴살 60g
    그뤼에르 치즈 15g
    -

B 살레 케이크
    달걀 110g
    트레할로스 8g
    소금 1g
    버터 30g
    올리브 오일 30g
    박력분 100g
    베이킹파우더 4g
    후추 적당량
    파르메산 치즈 10g
    -

마무리
    올리브 오일 적당량
    드라이 토마토 5개
    로즈메리 2줄기

A 가르니튀르

1 그린 올리브, 블랙 올리브, 드라이 토마토를 3~4 조각으로 자른다.
2 베이컨은 2~3cm, 훈제 닭 가슴살은 1cm 두께로 썬다.
3 그뤼에르 치즈를 다진다.
4 볼에 손질한 모든 재료를 넣고 섞는다.

B 살레 케이크

1 볼에 달걀, 트레할로스, 소금을 넣어 섞은 뒤 중탕으로 체온 정도까지 데운다.
2 녹인 버터와 올리브 오일을 넣고 섞는다.
3 함께 체 친 박력분과 베이킹파우더를 넣고 덩어리지지 않게 섞는다.
4 체에 거른 뒤 후추를 넣는다.
5 A(가르니튀르)를 넣고 섞은 다음 유산지를 두른 21×8×6cm 파운드케이크 틀에 붓고 윗면에 파르메산 치즈를 뿌린다.
6 윗불과 아랫불 모두 200℃로 예열한 데크 오븐에서 30~35분 동안 굽는다.

마무리

1 틀에서 뺀 B(살레 케이크)의 겉면에 올리브 오일을 바른다.
2 드라이 토마토와 로즈메리를 올려 장식한다.

Baking point.

❶ 트레할로스는 설탕으로 대체 가능하나 당도가 달라질 수 있다.
❷ 올리브 오일에 로즈메리를 담가 놓으면 로즈메리 향을 더할 수 있다.
❸ 가르니튀르의 재료를 변경해 다양한 맛으로 즐길 수 있다.

Lesson 4. **AUTUMN**

나카무라 아카데미 / 가을

바나나 타르틀레트

TARTELETTE
aux bananes

바나나 과육을 큼지막하게 넣고 크렘 다망드에도 바나나를
으깨어 넣은 뒤 바나나 리큐어까지 더해 바나나의 맛과 향을 극대화했다.
초콜릿 대신 캐러멜을 사용하면 색다른 바나나 타르트를 만들 수 있다.

01

Quantity
지름 8㎝ 원형 타르틀레트 9개 분량

TARTELETTE
aux bananes

🍳 파트 사블레 ▶4   🍮 크렘 다망드 ▶3

🍮 크렘 파티시에르 ▶2

A 사블레 반죽

    발효 버터 59g
    슈거파우더 35g
    달걀 18g
    아몬드파우더 15g
    박력분 98g

–

B 아몬드 크림

    발효 버터 75g
    슈거파우더 50g
    달걀 66g
    박력분 10g
    아몬드파우더 65g
    럼 10g
    바나나 90g
    바나나 리큐어 적당량

–

C 파티시에 크림

    우유 190g
    바닐라 빈 ¼개
    노른자 45g
    설탕 45g
    박력분 15g

D 초콜릿 크림

    다크초콜릿 30g
    생크림 30g
    C(파티시에 크림) 250g

–

E 초콜릿 글라사주

    물 92g
    생크림 58g
    물엿 21g
    트레할로스 105g
    설탕 136g
    코코아파우더 48g
    젤라틴 8.4g

A 사블레 반죽 🍳▶4

1 볼에 부드러운 발효 버터와 체 친 슈거파우더를 넣고 섞는다.
2 실온의 달걀을 2~3번 나누어 넣고 섞는다.
3 함께 체 친 아몬드파우더와 박력분을 넣고 고르게 섞은 뒤 랩으로 감싸 냉장고에서 30분~1시간 동안 휴지시킨다.
4 2.5㎜ 두께로 밀어 펴고 피케한 뒤 윗지름 8㎝, 높이 2㎝ 원형 타르트 틀에 퐁사주한다.

B 아몬드 크림 🍮▶3

1 볼에 부드러운 발효 버터와 체 친 슈거파우더를 넣고 섞는다.
2 실온의 달걀을 2~3번 나누어 넣고 섞는다.
3 함께 체 친 박력분과 아몬드파우더를 넣고 고르게 섞은 뒤 럼을 넣고 섞는다.
4 2㎝ 두께로 자른 바나나를 넣고 식감이 살아있도록 적당히 으깨면서 섞는다.
5 A(사블레 반죽)에 80%까지(약 40g) 넣고 윗불과 아랫불 모두 170℃로 예열한 데크 오븐에서 25분 정도 굽는다.
6 틀에서 빼 아몬드 크림 윗면에 바나나 리큐어를 바른 뒤 식힌다.

C 파티시에 크림 🍮▶2

1 냄비에 우유, 바닐라 빈의 씨와 깍지를 넣고 끓어오르기 직전까지 데운다.
2 볼에 노른자와 설탕을 넣고 섞은 뒤 체 친 박력분을 넣어 섞는다.
3 2에 1을 조금씩 나누어 넣으며 섞은 뒤 다시 냄비에 옮겨 저으면서 가열해 파티시에 크림을 만든다.
4 트레이에 옮겨 랩을 밀착시키고 냉장고에 넣어 식힌 뒤 체에 내린다.

D 초콜릿 크림

1 녹인 다크초콜릿에 50~60℃로 데운 생크림을 넣고 유화시킨다.
2 부드럽게 푼 C(파티시에 크림)와 섞는다.

E 초콜릿 글라사주

1 냄비에 물, 생크림, 물엿을 넣고 끓인다.
2 볼에 트레할로스, 설탕, 코코아파우더를 넣고 섞은 뒤 1을 넣고 섞는다.
3 다시 냄비에 옮겨 끓인 뒤 440g이 될 때까지 졸인다.
4 얼음물에 불려 물기를 제거한 젤라틴을 넣어 녹인 뒤 체에 거른다.

F 크럼블
　버터 20g
　설탕 20g
　박력분 20g
　-

조합
　바나나 3개
　생크림 320g
　마스카르포네 치즈 80g
　설탕 28g
　처빌 적당량

F 크럼블

1 부드럽게 푼 버터에 설탕을 넣고 섞는다.
2 체 친 박력분을 넣고 보슬보슬한 상태로 섞는다.
3 윗불과 아랫불 모두 170℃로 예열한 데크 오븐에서 10분 정도 굽는다. 굽는 도중 오븐에서 꺼내 스크레이퍼로 잘게 자르고 구움색이 골고루 나도록 뒤적인다.

조합

1 B(아몬드 크림) 윗면에 4㎝ 길이로 자른 바나나를 세워 올린다.
2 짤주머니에 D(초콜릿 크림)를 담아 바나나를 두르며 25~30g 짠다.
3 생크림, 마스카르포네 치즈, 설탕을 휘핑해 샹티이 크림을 만들고 2 위에 산 모양으로 짠다.
4 스패튤러를 사용해 표면을 다듬은 뒤 냉장고에서 차갑게 굳힌다.
5 윗면에 30℃의 E(초콜릿 글라사주)를 짜고 F(크럼블)와 처빌을 올려 장식한다.

Baking point.

❶ 아몬드 크림에 넣는 바나나는 완숙시킨 것을 사용하는 것이 좋다.
❷ 마무리에 사용하는 샹티이 크림은 단단하게 휘핑해야 산 모양으로 만들기 쉽다.

GÂTEAU ROULÉ
aux patate douces

고구마 롤케이크

반죽과 크림에 모두 고구마파우더를 넣어 은은한 고구마의
향과 맛을 낸 고구마 롤케이크이다. 크림의 양이 많은 제품으로
마는 방법이 독특하며 크림의 부드러운 맛을 즐기기에 좋다.

02

Quantity
폭 3.5㎝ 롤케이크 조각 16개 분량

GÂTEAU
ROULÉ
aux patate douces

A 비스퀴

노른자 300g
설탕A 40g
고구마파우더 30g
꿀 20g
흰자 320g
설탕B 200g
박력분 130g
버터 80g
우유 50g
바닐라 오일 적당량

–

B 고구마 크림

마스카르포네 치즈 300g
생크림 600g
설탕 56g
고구마파우더 80g

–

C 고구마 칩

고구마 적당량
물 200g
설탕 150g
치자 1~2개

A 비스퀴

1 믹서볼에 노른자, 설탕A, 고구마파우더, 꿀을 넣고 섞은 뒤 중탕으로 36℃까지
데운다.
2 뤼방 상태가 될 때까지 고속으로 휘핑한다.
3 다른 믹서볼에 흰자를 넣고 설탕B를 나누어 넣으며 80%까지 휘핑해 부드러운 머랭을
만든다.
4 노른자 반죽에 머랭을 2번에 나누어 넣고 섞는다.
5 체 친 박력분을 넣고 섞는다.
6 볼에 버터, 우유, 바닐라 오일을 넣고 중탕으로 60℃까지 데운 다음 5에 넣어 섞는다.
7 유산지를 깐 53×38㎝ 크기의 베이킹팬에 반죽을 부어 평평하게 펼치고 팬 한 장을
덧대어 윗불과 아랫불 모두 180℃로 예열한 데크 오븐에서 16분 정도 굽는다.
8 팬에서 빼 식힌 뒤 십(十)자 모양으로 4등분한다.

B 고구마 크림

1 믹서볼에 마스카르포네 치즈를 넣고 생크림을 나누어 넣으며 덩어리지지 않도록
잘 푼다.
2 설탕과 고구마파우더를 넣고 섞은 다음 90%까지 단단하게 휘핑한다.

C 고구마 칩

1 깨끗하게 닦은 고구마를 껍질째 2~3㎜ 두께로 슬라이스한다.
2 물(분량 외)에 10분 정도 담가 전분을 뺀다.
3 냄비에 전분을 뺀 고구마, 물, 설탕, 치자를 넣고 고구마가 부드러워질 때까지 끓인다.
4 고구마를 건져 펼쳐 놓고 2~3일 동안 건조시킨다.

조합

마스카르포네 치즈 20g
설탕 7g
생크림 80g
타임 적당량

조합

1 A(비스퀴) 한 장을 구움색이 난 윗면이 바닥을 향하도록 놓고 짧은 변이 몸 쪽에 오게
  둔다.
2 B(고구마 크림) 260g을 올리고 가운데가 봉긋하도록 펴 바른다.
3 비스퀴의 끝부분끼리 만나도록 말아 길이 19㎝ 롤케이크 4개를 만든다.
4 냉장고에서 1시간 정도 숙성시킨 뒤 양 끝을 반듯하게 잘라 다듬고 3.5㎝ 폭으로
  재단한다.
5 마스카르포네 치즈에 설탕을 넣어 부드럽게 푼 다음 생크림을 넣고 휘핑해 샹티이
  크림을 만든 뒤 롤케이크 윗면에 모양내 짠다.
6 C(고구마 칩)와 타임으로 장식한다.

Baking point.

❶ 크림이 너무 부드러우면 롤케이크 모양이 유지되지 않으므로 단단하게 휘핑해 사용한다.
❷ 크림의 가운데 부분을 산 모양처럼 봉긋하게 펴 바르면 비스퀴의 끝부분이 맞닿은 모양의
  롤케이크를 만들 수 있다.

GÂTEAU AU FROMAGE
à la citrouille

호박 치즈케이크

치즈케이크에 단호박의 맛을 농축해 넣고 단호박과
잘 어울리는 캐러멜을 만들어 쌉싸름한 단맛을 더했다.

03

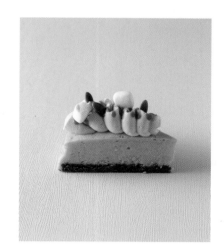

Quantity
지름 18㎝ 원형 케이크 1개(10조각)

GÂTEAU AU FROMAGE
à la citrouille

🔥 파트 아 제누아즈 ▶1

A 단호박 페이스트
단호박 200g
–

B 초콜릿 제누아즈
달걀 180g
설탕 90g
박력분 81g
코코아파우더 9g
버터 25g
바닐라 오일 적당량
–

C 단호박 수플레 치즈케이크
크림치즈 150g
설탕A 30g
A(단호박 페이스트) 100g
노른자 60g
박력분 20g
생크림 40g
럼 10g
흰자 80g
설탕B 40g
B(초콜릿 제누아즈) 1장
–

D 캐러멜 소스
설탕 100g
생크림 100g

A 단호박 페이스트
1 껍질과 씨를 제거한 단호박을 베이킹팬에 올려 윗불과 아랫불 모두 100℃로 예열한 데크 오븐에서 꼬챙이가 부드럽게 통과 될 때까지 1시간 정도 굽는다.
2 뜨거울 때 바로 체에 내려 페이스트를 만든다.

B 초콜릿 제누아즈 🔥▶1
1 볼에 달걀과 설탕을 넣고 섞은 뒤 중탕으로 체온 정도까지 데운다.
2 뤼방 상태가 될 때까지 휘핑한다.
3 함께 체 친 박력분과 코코아파우더를 넣고 고르게 섞는다.
4 60℃로 녹인 버터에 바닐라 오일과 반죽의 일부를 넣고 섞은 다음 다시 남은 반죽에 넣어 고르게 섞는다.
5 유산지를 간 지름 18㎝ 원형 케이크 틀에 붓는다.
6 윗불과 아랫불 모두 175℃로 예열한 데크 오븐에서 24분 정도 굽는다.
7 틀에서 빼 충분히 식히고 1㎝ 두께로 슬라이스한다.

C 단호박 수플레 치즈케이크
1 볼에 크림치즈를 넣고 부드럽게 푼 다음 설탕A를 넣고 섞는다.
2 A(단호박 페이스트)를 넣고 섞은 다음 노른자를 조금씩 나누어 넣으며 섞는다.
3 체 친 박력분을 넣고 섞는다.
4 생크림과 럼을 조금씩 나누어 넣으며 섞는다.
5 흰자에 설탕B를 나누어 넣으며 휘핑해 머랭을 만든 뒤 4에 넣고 섞는다.
6 베이킹 시트를 두른 지름 18㎝ 원형 케이크 틀에 B(초콜릿 제누아즈)를 넣는다.
7 반죽을 부은 뒤 뜨거운 물이 담긴 깊은 베이킹팬에 올린다.
8 윗불과 아랫불 모두 150℃로 예열한 데크 오븐에서 중탕으로 15분 동안 구운 뒤 댐퍼를 열어 35분 동안 더 굽는다.

D 캐러멜 소스
1 냄비에 설탕을 넣고 가열해 캐러멜을 만든다.
2 데운 생크림을 나누어 넣으며 섞는다.
3 체에 거른 뒤 실온에서 식힌다.

E 캐러멜 크림

D(캐러멜 소스) 50g
생크림 100g
설탕 7g
–

조합

크림치즈 적당량
옥수수 전분 적당량
호박씨 적당량

E 캐러멜 크림

1 볼에 모든 재료를 넣고 휘핑한다.

조합

1 크림치즈를 1㎝ 크기의 큐브 모양으로 자른 다음 겉면에 옥수수 전분을 묻힌다.
2 틀에서 빼 식힌 C(단호박 수플레 치즈케이크)를 10등분으로 조각낸 다음 윗면에 E(캐러멜 크림)를 짠다.
3 남은 D(캐러멜 소스)를 뿌리고 1의 크림치즈와 호박씨를 올려 장식한다.

Baking point.

❶ 단호박 수플레 치즈케이크의 반죽 온도가 차가울 경우 분리될 수 있으므로 모든 재료를 실온 상태로 사용한다.
❷ 머랭을 너무 단단하게 만들면 구울 때 부풀었다가 식으면서 균열이 생길 수 있기 때문에 주의한다.

MONT BLANC

얇은 필로 페이스트리로 타르트 셸을 만들어 바삭한 식감이
돋보이는 몽블랑 타르트이다. 타르트 셸 안에 프랑지판을 넣어 굽고
그 위에 세 종류의 크림을 쌓아 올려 다채로운 맛을 느낄 수 있다.

몽블랑

04

Quantity
지름 8㎝ 원형 타르틀레트 10개 분량

159

MONT BLANC

🍥 크렘 파티시에르 ▶ 2
🍥 크렘 샹티이 ▶ 1

A 파티시에 크림
　우유 200g
　바닐라 페이스트 5g
　노른자 50g
　설탕 60g
　박력분 20g
　–

B 프랑지판 크림
　버터 100g
　슈거파우더 100g
　달걀 70g
　아몬드파우더 100g
　밤 페이스트 100g
　A(파티시에 크림) 60g
　–

C 샹티이 크림
　마스카르포네 치즈 40g
　설탕 7g
　생크림 160g
　바닐라 에센스 적당량

D 디플로마트 크림
　A(파티시에 크림) 180g
　C(샹티이 크림) 30g
　–

E 밤 크림
　밤 페이스트 200g
　버터 30g
　럼 10g
　생크림 80g
　–

F 정제 버터
　버터 적당량

A 파티시에 크림 🍥 ▶ 2
1 냄비에 우유와 바닐라 페이스트를 넣고 끓인다.
2 볼에 노른자와 설탕을 넣고 섞은 뒤 체 친 박력분을 넣고 섞는다.
3 2에 1을 부으면서 잘 섞은 뒤 다시 냄비에 옮겨 저으며 가열해 파티시에 크림을 만든다.
4 볼 또는 트레이에 옮기고 랩을 밀착시켜 냉장고에서 차갑게 식힌다.

B 프랑지판 크림
1 볼에 부드러운 버터와 슈거파우더를 넣고 섞는다.
2 실온의 달걀을 조금씩 나누어 넣으며 섞는다.
3 체 친 아몬드파우더를 넣고 섞은 뒤 냉장고에서 30분 동안 휴지시킨다.
4 밤 페이스트를 넣고 섞는다.
5 부드럽게 푼 A(파티시에 크림)와 섞는다.

C 샹티이 크림 🍥 ▶ 1
1 볼에 마스카르포네 치즈와 설탕을 넣고 부드럽게 푼 다음 생크림과 바닐라 에센스를 넣고 휘핑한다.

D 디플로마트 크림
1 볼에 A(파티시에 크림)를 넣고 부드럽게 푼다.
2 단단하게 휘핑한 C(샹티이 크림)를 넣고 섞는다.

E 밤 크림
1 믹서볼에 밤 페이스트를 넣고 부드럽게 푼다.
2 부드러운 버터를 2~3번 나누어 넣고 섞는다.
3 럼을 넣고 섞는다.
4 사용하기 직전에 생크림을 넣고 섞는다.
　tip. 푸드프로세서를 사용하면 덩어리 없이 부드러운 상태로 만들 수 있다.

F 정제 버터
1 버터를 녹인 뒤 하얀색 단백질 고형분과 투명한 지방층으로 분리될 때까지 둔다.
2 표면에 떠 있는 하얀색 단백질 고형분을 걷어 낸다.

조합

필로 페이스트리 3장
F(정제 버터) 15g
당절임 밤 15개
나파주 적당량
초콜릿 코포 적당량
나뭇잎 모양 장식물 10개
데코스노우 적당량

조합

1 필로 페이스트리를 약 10㎝ 크기의 정사각형으로 자른다.
2 윗면에 F(정제 버터)를 펴 바르고 3장을 겹쳐 지름 8㎝, 높이 2㎝ 원형 타르트 틀에 끼워 넣는다.
3 지름 1㎝의 원형 깍지를 낀 짤주머니에 B(프랑지판 크림)를 담아 40g을 짠 뒤 필로 페이스트리를 안쪽으로 접는다.
4 윗불과 아랫불 모두 180℃로 예열한 데크 오븐에서 25분 정도 굽고 식힌다.
5 지름 1.2㎝의 원형 깍지를 낀 짤주머니에 D(디플로마트 크림)를 담아 중앙에 20g을 짠다.
6 디플로마트 크림 주변에 ¼로 조각낸 당절임 밤 6개를 놓은 뒤 나파주를 바른다.
7 윗면에 C(샹티이 크림)를 산 모양으로 짠다.
8 몽블랑 깍지를 낀 짤주머니에 E(밤 크림)를 담아 샹티이 크림을 감싸듯이 둘러 짠다.
9 초콜릿 코포, 나뭇잎 모양 장식물, 데코스노우로 장식한다.
   tip. 나뭇잎 모양 장식물은 슈 반죽을 만들어 체에 거른 뒤 나뭇잎 모양으로 짜고 윗불과 아랫불 모두 150℃로 예열한 데크 오븐에서 5분 정도 구워 만들었다.

Baking point.

❶ 시판용 필로 페이스트리는 일반적으로 냉동 상태로 유통된다. 얇아서 찢어지기 쉽기 때문에 충분히 해동한 다음 사용해야 하며 해동되면서 수분에 의해 서로 달라붙을 수 있으니 주의해야 한다. 사용하고 남은 것은 윗불과 아랫불 모두 170℃로 예열한 데크 오븐에서 10분 동안 굽고 부수면 토핑 또는 다른 재료와 섞어 다양하게 활용 가능하다.
❷ 정제 버터는 일반 버터보다 발연점이 높기 때문에 얇은 필로 페이스트리가 고온에서 타지 않게 돕는다.

TARTE
AUX POMMES
et aux patate douce

사과 고구마 파이

윗면에 그물 모양의 반죽을 덮어 굽는
클래식한 스타일의 애플파이이다. 고구마를 넣어 공정은 늘었지만
사과에 고구마의 단맛이 더해져 더욱 깊은 풍미를 느낄 수 있다.

05

Quantity
지름 20㎝ 원형 타르트 1개 분량

TARTE AUX POMMES
et aux patate douce

파트 아 제누아즈 ▶ 1

A 푀이타주 라피드

박력분 112g
강력분 168g
소금 5g
버터 126g
우유 140g
달걀 9g

–

B 사과 콩포트

레몬 1개
사과 4개(약 700g)
설탕 약 210g(사과의 30%)
건조 바닐라 빈 깍지 적당량
시나몬파우더 적당량

–

C 제누아즈

달걀 180g
설탕 90g
박력분 90g
버터 25g
바닐라 오일 5방울

–

D 고구마 크림

고구마 페이스트 90g
버터 40g
설탕 20g
꿀 15g
노른자 30g
생크림 10g
럼 13g
바닐라 페이스트 1g

A 푀이타주 라피드

1 볼에 함께 체 친 박력분, 강력분, 소금과 1㎝ 크기의 큐브 모양으로 자른 버터를 넣고 자르듯이 섞는다.
2 우유와 달걀을 넣고 한 덩어리가 될 때까지 섞는다.
3 4절 접기 2회 하고 냉장고에서 30분 동안 휴지시킨다. 같은 작업을 한 번 더 반복한다.

B 사과 콩포트

1 깨끗하게 세척한 레몬의 바깥쪽 노란색 껍질을 도려내고 즙을 짠다.
2 사과의 껍질과 씨를 제거한 뒤 8등분 한다.
3 냄비에 손질한 사과, 사과 무게의 30%에 해당하는 설탕을 넣고 버무려 30분 이상 둔다.
4 수분이 생기면 레몬즙, 레몬 껍질, 건조 바닐라 빈 깍지를 넣고 강불로 끓인다.
5 끓어오르면 약불로 줄이고 꼬챙이가 부드럽게 통과 될 때까지 졸인다.
6 완성된 사과 콩포트의 과육을 건져 수분을 제거하고 식힌 뒤 시나몬파우더를 넣어 섞는다.

C 제누아즈 ▶ 1

1 볼에 달걀과 설탕을 넣고 섞은 뒤 중탕으로 체온 정도까지 데운다.
2 뤼방 상태가 될 때까지 휘핑한다.
3 체 친 박력분을 넣고 고르게 섞는다.
4 60℃로 녹인 버터에 바닐라 오일과 반죽의 일부를 넣고 섞은 다음 다시 남은 반죽에 넣어 고르게 섞는다.
5 유산지를 깐 지름 18㎝ 원형 케이크 틀에 붓는다.
6 윗불과 아랫불 모두 175℃로 예열한 데크 오븐에서 24분 정도 굽는다.
7 틀에서 빼 충분히 식히고 1㎝ 두께로 슬라이스한다.

D 고구마 크림

1 고구마 페이스트에 부드러운 버터를 넣고 섞는다.
2 설탕과 꿀을 넣고 섞는다.
3 노른자를 조금씩 나누어 넣으며 섞는다.
4 생크림, 럼, 바닐라 페이스트를 차례로 넣으며 섞는다.

E 살구잼

살구 퓌레 200g
설탕A 120g
설탕B 5g
펙틴 4.5g
레몬즙 8g

E 살구잼

1 냄비에 살구 퓌레와 설탕A를 넣고 끓인다.
2 볼에 설탕B와 펙틴을 넣고 함께 섞은 뒤 1에 넣어 당도가 57브릭스(Brix)가 될 때까지 저으면서 끓인다.
3 레몬즙을 넣고 섞은 뒤 실온에서 식힌다.

조합

1 A(푀이타주 라피드)를 반으로 나눈다.
2 한 덩어리를 2mm 두께로 밀어 펴 피케한 다음 지름 20cm 원형 타르트 틀에 퐁사주한다.
3 C(제누아즈) 1장을 넣는다.
4 D(고구마 크림) 200g을 짠 뒤 B(사과 콩포트)로 채운다.
5 남은 A(푀이타주 라피드) 한 덩어리를 2.5mm 두께로 밀어 편 뒤 그물 모양 파이 커터로 칼집을 낸다.
6 바닥 쪽 반죽 테두리에 접착용 물(분량 외)을 바르고 5를 덮어 붙인다.
7 윗불과 아랫불 모두 200℃로 예열한 데크 오븐에서 약 50분 정도 구운 뒤 틀에서 빼 윗면에 E(살구잼)를 바른다.

Baking point. 기본 푀이타주 대신 푀이타주 라피드 제법을 활용하면 반죽 휴지 시간이 30분만 있어도 충분하기 때문에 시간을 단축시킬 수 있고 그만큼 작업성이 좋아진다.

TARTELETTE
à la châtaigne et cassis

밤과 카시스 타르틀레트

카시스의 산미와 밤의 단맛이 잘 어우러지는 타르트이다.
무스는 이탈리안 머랭을 사용해 가벼운 식감으로 만들고
사블레로 만든 타르트 셸에 밤을 더한 아몬드 크림을 채워
바삭한 식감과 무게감을 함께 즐길 수 있다.

06

Quantity
지름 8㎝ 원형 타르틀레트 10개 분량

TARTELETTE
à la châtaigne
et cassis

(🎂) 파트 사블레 ▶4   (🍮) 크렘 다망드 ▶3

(🎂) 파트 아 제누아즈 ▶1   (🍮) 크렘 앙글레즈 ▶4

                                     (🍮) 머랭그 이탈리엔느 ▶6

A 사블레 반죽
발효 버터 117g
슈거파우더 70g
달걀 36g
아몬드파우더 30g
박력분 195g

−

B 밤 크림
발효 버터 40g
슈거파우더 40g
달걀 40g
아몬드파우더 40g
럼 5㎖
밤 페이스트 100g
밤 5개 분량
냉동 카시스 50개

−

C 제누아즈
달걀 180g
설탕 90g
박력분 90g
버터 25g
바닐라 오일 5방울

−

D 밤 바바루아
우유 54g
바닐라 페이스트 적당량
노른자 22g
설탕 15g
밤 페이스트 26g
젤라틴 1.6g
생크림 50g
럼 3g

A 사블레 반죽 (🎂) ▶4
1 볼에 실온의 발효 버터를 넣고 부드럽게 푼 뒤 슈거파우더를 넣고 가볍게 휘핑해 섞는다.
2 실온의 달걀을 조금씩 나누어 넣으며 섞는다.
3 함께 체 친 아몬드파우더와 박력분을 넣고 고르게 섞은 뒤 랩으로 감싸 냉장고에서 30분~1시간 동안 휴지시킨다.
4 2.5㎜ 두께로 밀어 편 뒤 지름 8㎝, 높이 2㎝ 원형 타르트 틀 크기에 맞게 잘라 퐁사주한다.

B 밤 크림 (🍮) ▶3
1 볼에 부드러운 발효 버터와 슈거파우더를 넣고 섞는다.
2 실온의 달걀을 조금씩 넣으면서 섞는다.
3 체 친 아몬드파우더를 넣고 섞은 뒤 럼을 넣어 섞고 냉장고에서 30분 동안 휴지시킨다.
4 3에 밤 페이스트를 넣고 섞는다.
5 A(사블레 반죽)에 35g씩 짠 다음 1㎝ 크기의 큐브 모양으로 자른 밤과 냉동 카시스 5개씩을 올린다.
6 윗불과 아랫불 모두 170℃로 예열한 데크 오븐에서 20분 정도 구운 뒤 식힌다.

C 제누아즈 (🎂) ▶1
1 볼에 달걀과 설탕을 넣고 섞은 뒤 중탕으로 체온 정도까지 데운다.
2 뤼방상태가 될 때까지 휘핑한다.
3 체 친 박력분을 넣고 고르게 섞는다.
4 60℃로 녹인 버터에 바닐라 오일과 반죽의 일부를 넣고 섞은 다음 다시 남은 반죽에 넣어 고르게 섞는다.
5 유산지를 간 지름 18㎝ 원형 케이크 틀에 붓는다.
6 윗불과 아랫불 모두 175℃로 예열한 데크 오븐에서 24분 정도 굽는다.
7 틀에서 빼 충분히 식히고 0.5㎝ 두께로 슬라이스 한다.

D 밤 바바루아 (🍮) ▶4
1 냄비에 우유와 바닐라 페이스트를 넣고 데운다.
2 볼에 노른자와 설탕을 넣고 섞은 뒤 1을 조금씩 나누어 넣으며 섞는다.
3 다시 냄비에 옮겨 저으면서 가열해 앙글레즈 크림을 만든다.
4 밤 페이스트를 넣고 섞은 다음 얼음물에 불려 물기를 제거한 젤라틴을 넣어 녹인다.
5 체에 거른 뒤 얼음물을 받쳐 20℃까지 식힌다.

E 카시스 무스

카시스 퓌레 175g
젤라틴 6g
쿠앵트로 18g
설탕 40g
물 13g
흰자 40g
생크림 175g

-

F 카시스 글라사주

생크림 124g
물엿 36g
설탕 44g
트레할로스 44g
젤라틴 8g
카시스 퓌레 50g
레몬즙 12g
화이트초콜릿 50g
보라색 식용 색소 소량

-

조합

생크림 100g
설탕 7g
냉동 카시스 20개
다크초콜릿 장식물 적당량
식용 금박 적당량

6 다른 볼에 생크림과 럼을 넣고 60%까지 휘핑해 5에 넣고 섞는다.
7 윗지름 4㎝, 높이 2㎝ 컵 모양 실리콘 몰드에 10g씩 넣은 뒤 냉동고에서 굳힌다.

E 카시스 무스

1 냄비에 카시스 퓌레를 넣고 50℃까지 데운 뒤 얼음물에 불려 물기를 제거한 젤라틴을 넣어 녹인다.
2 쿠앵트로를 넣고 섞은 다음 얼음물을 받쳐 20℃까지 식힌다.
3 설탕과 물로 시럽을 끓인 뒤 휘핑한 흰자에 흘려 넣으며 휘핑해 이탈리안 머랭을 만든다.
4 볼에 생크림을 넣고 60%까지 휘핑한 뒤 이탈리안 머랭과 섞는다.
5 4에 2를 2번에 나누어 넣고 고루 섞는다.

F 카시스 글라사주

1 냄비에 생크림, 물엿, 설탕, 트레할로스를 넣고 가열한 다음 얼음물에 불려 물기를 제거한 젤라틴을 넣어 녹인다.
2 카시스 퓌레와 레몬즙을 넣고 섞는다.
3 녹인 화이트초콜릿을 넣고 섞는다.
4 보라색 식용 색소를 넣고 핸드블렌더로 갈아 섞는다.

조합

1 지름 7.5㎝, 높이 4.5㎝ 원반형 실리콘 몰드에 E(카시스 무스)를 50%까지 넣은 다음 몰드에서 뺀 D(밤 바바루아)를 중앙에 눌러 넣고 다시 E(카시스 무스)를 90%까지 넣는다.
2 지름 5㎝ 원형으로 자른 C(제누아즈)를 한 장 올린 뒤 냉동고에서 굳힌다.
3 몰드에서 뺀 다음 40℃의 F(카시스 글라사주)를 부어 씌운다.
4 B(밤 크림) 위에 3을 올린다.
5 볼에 생크림과 설탕을 넣고 휘핑해 샹티이 크림을 만든 뒤 타르트와 무스의 경계에 모양 내 짠다.
6 무스 윗면에 남은 샹티이 크림을 짠 다음 냉동 카시스 2개, 다크초콜릿 장식물, 식용 금박을 올려 장식한다.

Baking point.

❶ 카시스 무스를 만들 때 생크림과 이탈리안 머랭을 너무 많이 섞지 않는다.
❷ 이탈리안 머랭의 양이 적기 때문에 핸드믹서를 사용하거나 스탠드믹서로 만들 경우에는 레시피의 2배 분량으로 만든 뒤 절반만 사용한다.

가을 과일 타르트

TARTE
AUX FRUITS
d'automne

가을에 즐겨 먹는 재료를 사용해 만든 타르트이다. 흑당과 팥앙금을 사용하고
가공한 생과일을 더해 풍성한 과일 타르트의 맛을 느낄 수 있다.

07

Quantity
지름 20㎝ 원형 타르트 2개 분량

TARTE AUX FRUITS
d'automne

파트 사블레 ▶4   크렘 다망드 ▶3

A 흑당 사블레
버터 158g
흑당 95g
소금 2g
달걀 52g
바닐라 오일 적당량
박력분 252g
아몬드파우더 42g
베이킹파우더 1.2g
–

B 팥 아몬드 크림
버터 126g
설탕 120g
팥앙금 126g
소금 2g
달걀 100g
아몬드파우더 135g
박력분 24g
–

C 사과와 단감 소테
사과 2개
단감 2개
설탕 80g
버터 20g
브랜디 적당량
–

D 당절임 고구마
고구마 3개
물 300g
설탕 150g
건조 바닐라 빈 깍지 적당량

A 흑당 사블레 ▶4

1 볼에 부드러운 버터, 흑당, 소금을 넣고 섞는다.
  tip. 나무 주걱으로 작업하는 것이 좋다. 거품기를 사용할 경우 공기가 많이 들어가지 않도록 주의한다.
2 실온의 달걀을 조금씩 나누어 넣으며 섞은 다음 바닐라 오일을 넣고 섞는다.
3 함께 체 친 박력분, 아몬드파우더, 베이킹파우더를 넣고 반죽을 자르듯이 섞어 한 덩어리로 만든다.
4 랩으로 감싸 냉장고에서 1시간 이상 휴지 시킨다.
  tip. 휴지 시간이 길수록 글루텐이 약해져 바삭한 식감을 낼 수 있다.
5 반죽을 3mm 두께로 밀어 편 뒤 지름 20cm 원형 타르트 틀에 틀 높이보다 5mm 정도 높게 퐁사주한다.
6 유산지를 깔고 누름돌을 넣은 다음 윗불과 아랫불 모두 170℃로 예열한 데크 오븐에서 연한 갈색이 날 때까지 20~30분 정도 굽는다.

B 팥 아몬드 크림 ▶3

1 볼에 부드러운 버터, 설탕, 팥앙금, 소금을 넣고 미색이 될 때까지 섞는다.
2 실온의 달걀을 조금씩 나누어 넣으며 섞는다.
3 함께 체 친 아몬드파우더와 박력분을 넣고 섞는다.

C 사과와 단감 소테

1 껍질과 씨를 제거한 사과와 단감을 2~3cm 크기의 큐브 모양으로 자른다.
  tip. 감에 수분이 너무 많으면 잘 익지 않을 수 있다.
2 팬에 설탕을 넣어 캐러멜화한 다음 1의 사과를 넣어 버무리다가 갈색이 되면 단감을 넣고 버무린다.
3 어느 정도 부드러워지면 버터와 브랜디를 넣고 버무린 뒤 트레이에 옮겨 식힌다.

D 당절임 고구마

1 고구마의 일부는 껍질째 반달 모양으로 자르고 나머지 고구마는 껍질을 벗긴 뒤 사과와 감보다 큼직하게 썬다.
2 냄비에 물, 설탕, 건조 바닐라 빈 깍지를 넣고 끓여 시럽을 만든다.
3 2에 1을 넣고 약간 부드러워 질 때까지 조린다.
4 하룻밤 그대로 둔다.
5 사용하기 전에 시럽을 확실하게 제거한다.

조합
나파주 적당량
슈거파우더 적당량

조합

1 A(흑당 사블레)에 B(팥 아몬드 크림)를 반씩 나누어 짠다.

2 1 위에 C(사과와 단감 소테)와 껍질을 벗긴 D(당절임 고구마)를 반씩 올린다.
    반달 모양 D(당절임 고구마)는 윗면에 둘러 올린다.

3 윗불과 아랫불 모두 180℃로 예열한 데크 오븐에서 50~60분 동안 굽는다.

4 틀에서 빼 완전히 식힌 뒤 나파주를 바르고 가장자리에 슈거파우더를 뿌린다.

**Baking
point.**

❶ 팥앙금은 고운 것보다 어느 정도 팥 알갱이가 남아 있는 것을 사용해야 맛이 더 좋다.

❷ 과일과 고구마의 크기가 비슷해야 균일하게 구워지므로 모양과 크기를 비슷하게
    맞춘다.

❸ 단감의 표면으로 노출된 부분은 굽고 나면 단단해지기 때문에 최대한 크림 안으로
    넣는 것이 좋다.

TARTE TATIN
aux kaki

일반적으로 사과만을 사용하는 타르트 타탕에 단감을 더해 사과의
아삭한 식감과 단감의 은은한 단맛이 잘 어우러지는 특색 있는 제품이다.
붉은색 나파주를 발라 타르트 타탕이 더욱 돋보인다.

08

Quantity
21×8×6㎝ 파운드케이크 틀 1개 분량

TARTE TATIN
aux kaki

🍮 파트 브리제 ▶5

A 과일 절임
사과 4개(180g)
설탕 약 108g
단감 2개
레몬즙 70g
건조 바닐라 빈 깍지 적당량
시나몬파우더 소량

-

B 브리제 반죽
박력분 100g
소금 1g
설탕 8g
버터 70g
찬물 25g

-

C 과일 시럽
설탕 50g
트레할로스 50g
레몬즙 70g
펙틴 2g
버터 30g

-

D 산딸기 글라사주
산딸기 퓌레 100g
레드 와인 50g
물 100g
나파주(가열용) 200g

A 과일 절임
1 사과의 껍질과 씨를 제거하고 8등분으로 자른다. 사과 껍질은 따로 보관한다.
2 냄비에 1의 사과, 사과 무게의 30% 분량의 설탕을 넣고 섞은 뒤 30분 정도 둔다.
3 단감의 껍질과 씨를 제거하고 8등분으로 잘라 2에 넣고 섞는다.
4 레몬즙, 사과 껍질, 건조 바닐라 빈 깍지를 넣고 강불에서 수분이 반으로 줄어들 때까지 졸인다.
5 시나몬파우더를 넣고 섞는다.
6 시럽과 과육을 나눈다.

B 브리제 반죽 🍮 ▶5
1 볼에 체 쳐 차갑게 보관한 박력분, 소금, 설탕, 큐브 모양으로 자른 버터를 넣고 자르듯이 섞는다.
2 1을 작업대로 옮긴 뒤 가운데 공간을 만들어 찬물을 넣고 조금씩 섞어 한 덩어리로 뭉친다.
3 평평하게 누르고 반으로 잘라 겹쳐 올리는 작업을 여러 번 반복한다.
4 랩으로 감싸 냉장고에서 1시간 동안 휴지시킨다.
5 3㎜ 두께로 밀어 편 뒤 피케한다.
6 21×8×6㎝ 파운드케이크 틀의 바닥보다 조금 큰 22×9㎝ 직사각형으로 잘라 윗불과 아랫불 모두 180℃로 예열한 데크 오븐에서 15분 정도 굽는다.
7 식힌 뒤 21×8㎝ 직사각형으로 자른다.

C 과일 시럽
1 A(과일 절임)의 시럽에 설탕, 트레할로스, 레몬즙, 펙틴을 넣고 섞는다.
   tip. 시럽이 따뜻할 때 작업한다.
2 버터를 넣어 녹인다.

D 산딸기 글라사주
1 냄비에 모든 재료를 넣고 섞어 끓인다.

조합

식용 금박 적당량

조합

1 버터(분량 외)칠을 한 21×8×6㎝ 파운드케이크 틀에 A(과일 절임)의 과육을 넣는다.

2 과일 절임 무게의 약 80%에 해당하는 C(과일 시럽)를 넣는다.

3 파운드케이크 틀을 알루미늄 포일로 덮은 뒤 구멍을 뚫고 윗불과 아랫불 모두 180℃로 예열한 데크 오븐에서 2시간 정도 굽는다.

4 틀째 한 김 식힌 뒤 냉장고에서 하룻밤 정도 휴지시킨다.

5 틀을 데워서 반죽을 빼내고 B(브리제 반죽) 위에 올린다.

6 40℃로 데운 D(산딸기 글라사주)를 바른다.

7 식용 금박으로 장식한다.

Baking point.

❶ 틀에 버터를 두껍게 발라야 틀에서 잘 떨어진다. 버터를 바르는 대신에 두꺼운 베이킹용 종이(브라노 파피에 등)나 베이킹 시트 등을 깔고 구우면 빼내기 쉽다.

❷ 구울 때 아랫불이 세면 탈 수 있어 주의해야 한다.

단
호
박

타
르
틀
레
트

TARTELETTE
à la citrouille

단호박을 구성 요소 곳곳에 넣어 만든 타르트이다.
단호박과 크림치즈, 단호박과 화이트초콜릿, 그리고 마스카르포네 치즈와
시나몬이 어우러져 다채롭고 농후한 맛을 느낄 수 있다.

—————————————————————————— **09**

Quantity
지름 8㎝ 원형 타르틀레트 12개 분량

TARTELETTE
à la citrouille

🫕 파트 브리제 ▶5   🍥 크렘 샹티이 ▶1
                                🍥 크렘 파티시에르 ▶2

A 브리제 반죽

박력분 240g
소금 2g
버터 120g
노른자 32g
찬물 28g

–

B 단호박 페이스트

단호박 적당량

–

C 단호박 필링

크림치즈 80g
설탕 30g
시나몬파우더 적당량
꿀 15g
B(단호박 페이스트) 120g
옥수수 전분 5g
달걀 50g
생크림 85g
럼 5g
럼에 절인 건포도 60g

–

D 시나몬 샹티이 크림

마스카르포네 치즈 50g
설탕 15g
생크림 150g
시나몬파우더 적당량

–

E 파티시에 크림

우유 130g
바닐라 페이스트 적당량
설탕 35g
노른자 30g
박력분 12g
버터 10g

A 브리제 반죽 🫕 ▶5

1 볼에 차갑게 보관한 체 친 박력분, 소금, 버터를 넣고 자르듯이 섞는다.
2 노른자와 찬물을 섞어 넣고 다시 자르듯이 섞는다.
3 가루가 보이지 않을 때까지 반죽을 평평하게 누르고 반으로 잘라 겹치면서
   한 덩어리로 만든다.
4 랩으로 감싸 냉장고에서 1시간 동안 휴지시킨다.
5 반죽을 2mm 두께로 밀어 편 뒤 피케하고 지름 8cm, 높이 2cm 원형 타르트 틀에 퐁사주 한다.
6 유산지와 누름돌을 올려 윗불과 아랫불 모두 190℃로 예열한 데크 오븐에서 25분
   정도 구운 뒤 틀에서 빼 식힌다.

B 단호박 페이스트

1 단호박의 껍질과 씨를 제거하고 비닐 또는 전자레인지 전용 용기 등에 넣어
   전자레인지에서 익힌다.
2 뜨거울 때 바로 체에 내려 페이스트 상태로 만든다.

C 단호박 필링

1 볼에 크림치즈를 넣고 부드럽게 푼 다음 설탕, 시나몬파우더, 꿀을 넣고 섞는다.
2 B(단호박 페이스트)를 넣고 섞는다.
3 옥수수 전분, 달걀, 생크림, 럼을 차례대로 넣으며 섞는다.
4 A(브리제 반죽)에 럼에 절인 건포도를 5g씩 넣은 뒤 반죽을 30g씩 넣는다.
5 윗불과 아랫불 모두 170℃로 예열한 데크 오븐에서 20분 정도 굽는다.

D 시나몬 샹티이 크림 🍥 ▶1

1 볼에 마스카르포네 치즈와 설탕을 넣고 부드럽게 푼 다음 생크림을 조금씩 넣으며
   덩어리가 없도록 푼다.
2 시나몬파우더를 넣고 휘핑한다.

E 파티시에 크림 🍥 ▶2

1 냄비에 우유, 바닐라 페이스트, 설탕 절반을 넣고 데운다.
2 볼에 노른자, 남은 설탕, 체 친 박력분을 넣고 섞은 다음 1을 조금씩 나누어 넣으며
   섞는다.
3 다시 냄비에 옮겨 82℃까지 저으면서 끓인 뒤 버터를 넣고 섞는다.
4 다른 볼에 옮겨 랩을 밀착시키고 냉장고에서 식힌다.
   tip. 냉장고에 넣는 대신 얼음물에 받쳐 식혀도 된다.

F 단호박 크림
달걀 35g
설탕 25g
버터 45g
B(단호박 페이스트) 275g
화이트초콜릿 50g
E(파티시에 크림) 80g
–

G 크럼블
버터 50g
슈거파우더 50g
아몬드파우더 50g
박력분 75g
아몬드 분태 25g
–

조합
슈거파우더 적당량
호박씨 적당량
다크초콜릿 장식물 적당량

F 단호박 크림

1 냄비에 달걀, 설탕, 버터, B(단호박 페이스트)를 넣고 저으면서 80℃까지 끓인다.
2 따뜻할 때 화이트초콜릿을 넣어 녹인다.
3 2를 차갑게 식힌 뒤 부드럽게 푼 E(파티시에 크림)와 섞는다.

G 크럼블

1 부드러운 버터에 슈거파우더를 넣고 섞는다.
2 함께 체 친 아몬드파우더와 박력분, 아몬드 분태를 넣고 섞는다.
3 5mm 두께로 밀어 편 다음 냉장고에 30분 동안 휴지시킨다.
4 1cm 크기의 큐브 모양으로 썬 뒤 윗불과 아랫불 모두 170℃로 예열한 데크 오븐에서 12분 정도 굽는다.

조합

1 C(단호박 필링) 위에 D(시나몬 샹티이 크림)를 산 모양으로 짠다.
2 지름 8mm 원형 깍지(803번)를 낀 짤주머니에 F(단호박 크림)를 담아 1을 감싸며 나선형으로 짠다.
3 그 위에 남은 D(시나몬 샹티이 크림)를 물방울 모양으로 짠다.
4 G(크럼블)를 타르트 가장자리에 둘러 올린 뒤 슈거파우더를 뿌린다.
5 호박씨와 다크초콜릿 장식물로 장식한다.

Baking point.

❶ 단호박이 함유하고 있는 수분의 양은 저마다 다르다. 묽은 단호박으로 단호박 크림을 끓일 때는 확실하게 가열해 수분을 날려야 한다.
❷ 시나몬 샹티이 크림을 짠 뒤 냉동고에서 잠시 굳히면 단호박 크림을 짜기가 쉽다.

PATATE
douce rôtie

군고구마

피낭시에에 고구마를 더한 제품으로, 일반적으로 피낭시에에 넣는
태운 버터를 사용하지 않아 고구마의 풍미가 더 잘 느껴진다.
중앙에 산딸기를 넣어 맛에 포인트를 준 것도 특색 있다.

10

Quantity
길이 10㎝ 배 모양 피낭시에 12개

PATATE
douce rôtie

A 피낭시에

흰자 100g
설탕 48g
트레할로스 12g
소금 2g
아몬드파우더 40g
슈거파우더 40g
박력분 40g
버터 90g
냉동 산딸기 18개

–

B 군고구마

고구마 적당량

–

C 고구마 페이스트

설탕 50g
탈지분유 10g
B(군고구마) 600g
버터 25g
트레할로스 25g
생크림 30g
노른자 36g
소금 3g
바닐라 페이스트 적당량
럼 10g

–

조합

팥앙금 75g
노른자 적당량
검정깨 적당량

A 피낭시에

1 볼에 흰자, 설탕, 트레할로스, 소금을 넣고 중탕으로 저으면서 가볍게 데운다.
2 함께 체 친 아몬드파우더, 슈거파우더, 박력분을 넣고 섞는다.
3 중탕으로 녹인 버터를 넣고 섞는다.
4 버터를 바른 길이 10㎝ 배 모양 틀에 반죽을 30g씩 짠 다음 반으로 자른 냉동 산딸기 3조각씩을 넣는다.
5 윗불과 아랫불 모두 190℃로 예열한 데크 오븐에서 17분 정도 굽고 틀에서 빼 식힌다.

B 군고구마

1 고구마를 깨끗하게 닦아 알루미늄 호일로 감싼 뒤 꼬챙이로 구멍을 뚫는다.
2 윗불과 아랫불 모두 180℃로 예열한 데크 오븐에서 40~50분 정도 완전히 익을 때까지 굽는다.
3 껍질을 벗기고 뜨거울 때 바로 체에 거른다.

C 고구마 페이스트

1 볼에 설탕과 탈지분유를 넣고 덩어리가 생기지 않도록 잘 섞는다.
2 냄비에 럼을 제외한 모든 재료를 넣고 저으면서 가열해 수분을 날린다.
   tip. B(군고구마)는 따뜻한 상태로 사용한다.
3 불에서 내려 럼을 넣고 섞은 뒤 식힌다.

조합

1 A(피낭시에) 윗면 중앙에 팥앙금 6g을 일직선으로 짠다.
2 별 모양깍지를 낀 짤주머니에 C(고구마 페이스트)를 담아 1의 윗면에 회오리 모양으로 짠 뒤 냉동고에서 굳힌다.
3 붓으로 노른자를 바르고 검정깨를 뿌려 윗불과 아랫불 모두 220℃로 예열한 데크 오븐에서 구움색이 날 때까지 굽는다.

Baking point.

❶ 두 번 굽기 때문에 첫 번째로 피낭시에를 구울 때 구움색을 연하게 낸다.
❷ 굽기 전에 냉동고에서 굳혀야 고구마 페이스트의 표면이 단단해져 광택용 노른자를 바르기 쉽다.
❸ 고구마의 당도와 맛에 따라 제품의 맛이 좌우된다.

GUGELHUPF
aux marrons

밤 구겔호프

마지팬을 넣어 좀 더 촉촉하게 구운 구겔호프이다.
밤 페이스트를 직접 만들어 사용하면 단맛을 조절할 수 있다.

11

Quantity
지름 16.5㎝, 높이 8.5㎝ 구겔호프 1개 분량

GUGELHUPF
aux marrons

A 밤 콩포트
깐 밤 250g
설탕 250g
물 300g

–

B 케이크 반죽
마지팬 140g
밤 페이스트 140g
달걀 156g
슈거파우더 49g
옥수수 전분 39g
버터 74g
럼 9g
A(밤 콩포트) 100g

–

조합
버터 100g
강력분 30g
파타 글라세 화이트 적당량
당절임 밤 조각 적당량
데코스노우 적당량

A 밤 콩포트

1 압력 냄비에 모든 재료를 넣어 뚜껑을 닫고 가열한다.
2 끓는 소리가 나기 시작하면 약불로 줄여 8분 동안 졸인다.

B 케이크 반죽

1 믹서볼에 마지팬을 넣고 밤 페이스트를 조금씩 넣으면서 덩어리가 없어질 때까지
   푼다.
2 달걀을 조금씩 나누어 넣으며 믹싱한다.
3 슈거파우더를 넣고 비터를 사용해 뤼방 상태가 될 때까지 공기를 포집한다.
   tip. 공기 포집을 너무 과하게 할 경우 완성된 제품의 기공이 거칠어지므로 거품기보다는
   비터를 사용하는 것이 좋다.
4 체 친 옥수수 전분을 넣고 섞는다.
5 60℃로 녹인 버터를 넣고 섞은 뒤 럼을 넣어 섞는다.
6 다진 A(밤 콩포트)를 넣고 섞는다.

조합

1 부드러운 버터와 강력분을 섞어 틀 버터를 만들고 지름 16.5㎝, 높이 8.5㎝ 구겔호프
   틀에 얇게 바른다.
2 B(케이크 반죽)를 70~80% 정도까지 넣는다.
3 윗불과 아랫불 모두 170℃로 예열한 데크 오븐에서 40분 정도 구운 뒤 틀에서 빼
   식힌다.
4 파타 글라세 화이트를 녹인 뒤 30℃정도로 온도를 맞추고 3을 뒤집어 윗부분의 ⅓
   지점까지 담갔다가 뺀다.
5 파타 글라세가 굳기 시작할 때 당절임 밤 조각을 올린다.
6 데코스노우를 뿌린다.

Baking point. 밤 콩포트를 뜨거울 때 체에 내리면 밤 페이스트를 만들 수 있으며 콩포트와 페이스트 모두
냉동 보관이 가능하다.

GÂTEAU AUX FIGUES
et chocolat

무화과 초코케이크

레드 와인에 절인 무화과와 초콜릿을 조합해 만든 파운드케이크이다.
얼핏 보면 단단해 보이지만 입안에 넣으면 부드럽게 녹으며
와인과 무화과, 초콜릿의 농후한 풍미를 느낄 수 있다.

12

Quantity
16×8×6㎝ 파운드케이크 2개 분량

GÂTEAU AUX FIGUES
et chocolat

🍮 파트 아 케이크 ▶ 7

A 무화과 콩포트
반건조 무화과 200g
레드 와인 80g
물 80g
설탕 30g
레몬즙 15g
시나몬 스틱 1개
–

B 파운드케이크
버터 200g
슈거파우더 120g
꿀 40g
달걀 150g
박력분 165g
코코아파우더 25g
베이킹파우더 4g
A(무화과 콩포트) 시럽 30g
다크초콜릿 60g
A(무화과 콩포트) 150g
피스타치오 50g
–

C 글라스 로얄
슈거파우더 40g
레드 와인 8g
–

조합
살구잼 적당량
반건조 무화과 적당량
캔디드 피스타치오 적당량
우박 설탕 적당량

Baking point.

A 무화과 콩포트
1 반건조 무화과의 꼭지를 떼어 내고 뜨거운 물(분량 외)에 살짝 데친다.
2 냄비에 나머지 재료를 넣고 끓인 뒤 손질한 무화과를 넣고 1주일 이상 절인다.

B 파운드케이크 🍮 ▶ 7
1 믹서볼에 부드럽게 푼 버터, 슈거파우더, 꿀을 넣고 뽀얗게 될 때까지 휘핑한다.
2 실온의 달걀을 조금씩 나누어 넣으며 섞는다.
3 함께 체 친 박력분, 코코아파우더, 베이킹파우더를 넣고 섞는다.
4 A(무화과 콩포트) 시럽을 넣고 섞는다.
5 30℃ 정도로 녹인 다크초콜릿을 넣고 섞는다
6 A(무화과 콩포트)와 로스팅한 피스타치오를 다져 넣는다.
7 16×8×6㎝ 파운드케이크 틀 2개에 나누어 넣고 윗불과 아랫불 모두 170℃로 예열한 데크 오븐에서 50분 정도 굽는다.

C 글라스 로얄
1 볼에 모든 재료를 넣고 섞는다.

조합
1 B(파운드케이크)를 틀에서 빼 한 김 식힌 뒤 겉면에 졸인 살구잼을 바른다.
2 윗면에 C(글라스 로얄)를 짜고 반건조 무화과를 잘라 올린다.
3 캔디드 피스타치오와 우박 설탕을 올려 장식한다.

❶ 무화과 콩포트는 만든 뒤 장기간 보관이 가능하며 절이는 기간이 길수록 풍미가 좋아진다.
❷ 반죽에 넣는 초콜릿의 온도가 너무 높으면 반죽 속 버터가 녹고, 온도가 너무 낮으면 반죽과 섞으면서 초콜릿이 굳어 덩어리가 남기 때문에 30℃ 정도로 맞추어 사용한다.

Lesson 5. **WINTER**

나카무라 아카데미 / 겨울

TARTELETTE
à la vanille

바닐라 타르틀레트

타르트 셸, 가나슈, 무스, 글라사주 모두에 바닐라를 듬뿍 사용해
고급스러운 느낌을 선사한다. 쫀득한 가나슈에 가벼우면서 부드러운 무스와
타르트 셸의 바삭함까지 더해져 다채로운 식감을 즐길 수 있다.

01

Quantity
지름 8㎝ 원형 타르틀레트 10개 분량

TARTELETTE
à la vanille

🔥 파트 사블레 ▶4   🍲 크렘 앙글레즈 ▶4
🔥 파트 아 제누아즈 ▶1

A 사블레 반죽
- 발효 버터 120g
- 슈거파우더 72g
- 소금 1g
- 바닐라 페이스트 10g
- 달걀 36g
- 박력분 200g
- 아몬드파우더 30g
-

B 제누아즈
- 달걀 150g
- 노른자 30g
- 설탕 90g
- 꿀 15g
- 박력분 75g
- 옥수수 전분 15g
- 버터 10g
- 우유 15g
-

C 가나슈
- 생크림 225g
- 바닐라 빈 1개
- 바닐라 페이스트 1.5g
- 화이트초콜릿 240g

A 사블레 반죽 🔥 ▶4
1 볼에 부드러운 발효 버터, 슈거파우더, 소금, 바닐라 페이스트를 넣고 섞는다.
2 실온의 달걀을 4번에 나누어 넣으며 섞는다.
3 함께 체 친 박력분과 아몬드파우더를 넣고 가루가 보이지 않을 때까지 섞는다.
4 반죽을 작업대에 올린 뒤 손바닥으로 반죽을 밀어 펴 균일해질 때까지 섞는다.
5 반죽을 랩으로 감싼 뒤 냉장고에서 30분~1시간 동안 휴지시킨다.
6 2.5㎜ 두께로 밀어 편 뒤 지름 8㎝, 높이 2㎝ 원형 타공 타르트 틀 크기에 맞게 잘라 퐁사주한다.
7 윗불과 아랫불 모두 160℃로 예열한 데크 오븐에서 20분 정도 구운 뒤 틀에서 빼 식힌다.

B 제누아즈 🔥 ▶1
1 볼에 달걀, 노른자, 설탕, 꿀을 넣고 섞은 뒤 중탕으로 체온 정도까지 데운다.
2 뤼방상태가 될 때까지 휘핑한다.
3 함께 체 친 박력분과 옥수수 전분을 넣고 고르게 섞는다.
4 60℃로 녹인 버터와 우유에 반죽의 일부를 넣고 섞은 다음 다시 남은 반죽에 넣어 고르게 섞는다.
5 유산지를 깐 지름 18㎝ 원형 케이크 틀에 붓는다.
6 윗불과 아랫불 모두 175℃로 예열한 데크 오븐에서 24분 정도 굽는다.
7 틀에서 빼 충분히 식히고 0.5㎝ 두께로 슬라이스 한 뒤 지름 6㎝ 원형으로 10개 자른다.

C 가나슈
1 냄비에 생크림, 바닐라 빈의 씨, 바닐라 페이스트를 넣고 60℃까지 데운다.
2 볼에 화이트초콜릿을 넣고 중탕으로 반쯤 녹인다.
3 2에 1 절반을 넣고 유화시킨다.
4 남은 1을 넣고 섞는다.
5 얼음물을 받쳐 농도가 걸쭉해질 때까지 식힌다.
   tip. 작업이 과하면 가나슈가 퍼석퍼석해지므로 걸쭉해지면 마무리한다.

D 화이트초콜릿 무스

우유 116g
생크림A 116g
바닐라 페이스트 1.6g
노른자 40g
설탕 32g
젤라틴 8g
화이트초콜릿 170g
생크림B 160g
-

E 바닐라 글라사주

나파주(가열용) 200g
물 20g
바닐라 빈 ¼개
-

조합

식용 금박 적당량

D 화이트초콜릿 무스 🥣▶4

1 냄비에 우유, 생크림A, 바닐라 페이스트를 넣고 살짝 데운다.
2 볼에 노른자와 설탕을 넣고 섞은 뒤 1을 조금씩 넣으며 섞는다.
3 체에 거르고 다시 냄비에 옮겨 저으면서 가열해 앙글레즈 크림을 만든다.
4 얼음물에 불려 물기를 제거한 젤라틴을 넣고 녹인다.
5 반쯤 녹인 화이트초콜릿에 3번 나누어 넣고 유화시킨다.
6 60%까지 휘핑한 생크림B를 넣고 섞는다.
7 지름 7cm, 높이 2cm 원형 무스 틀에 채운 뒤 냉동고에서 굳힌다.

E 바닐라 글라사주

1 냄비에 나파주, 물, 바닐라 빈의 씨를 넣고 끓인 뒤 식힌다.

조합

1 A(사블레 반죽)에 B(제누아즈) 1장을 넣는다.
2 C(가나슈)를 85~90%까지 넣은 뒤 냉장고에서 굳힌다.
3 틀에서 뺀 D(화이트초콜릿 무스)의 겉면에 E(바닐라 글라사주)를 씌운다.
4 2 위에 3을 올린 뒤 식용 금박으로 장식한다.

Baking point.

❶ 가나슈에 수분이 많기 때문에 냉장고 또는 얼음물 위에서 농도가 걸쭉해질 때까지 충분히 식힌 다음 냉동고에 넣어야 잘 굳는다. 또 식히지 않고 바로 사용할 경우 너무 묽을 수 있으니 주의해야 한다.
❷ 바닐라 글라사주에는 바닐라 페이스트 대신 바닐라 빈의 씨를 사용하는 것이 좋다. 바닐라 페이스트의 어두운 색이 글라사주를 혼탁하게 만들기 때문이다.
❸ 바닐라 글라사주를 제외한 모든 구성 요소에 바닐라 빈 대신 바닐라 페이스트를 사용하면 원가를 절감할 수 있다.

FORÊT NOIRE

일반적인 포레누아 디자인에 살짝 변화를 주어 단면의 특징을 살렸다.
또한 초콜릿 사블레를 활용해 부드러운 케이크에 바삭한 식감을
더하고 케이크를 지탱할 수 있게 만들었다. 사워체리의 산미와
초콜릿의 단맛이 돋보이는 포레누아의 매력을 느껴 보자.

포레누아

02

Quantity
3.5×9×5㎝ 직사각형 케이크 14개 분량

FORÊT NOIRE

🔥 파트 사블레 ▶ 4   🍥 크렘 샹티이 ▶ 1

A 초콜릿 사블레

버터 120g
슈거파우더 66g
노른자 42g
박력분 124g
아몬드파우더 26g
코코아파우더 30g
카카오 닙 25g
-

B 초콜릿 비스퀴

노른자 145g
설탕A 65g
흰자 180g
설탕B 90g
박력분 70g
코코아파우더 30g
아몬드파우더 50g
버터 50g
-

C 체리 콩포트

냉동 사워체리 400g
설탕 200g
-

D 앙비바주 시럽

C(체리 콩포트) 시럽 100g
키르슈 5g
-

E 초콜릿 크림

생크림A 110g
다크초콜릿 110g
생크림B 240g

A 초콜릿 사블레 🔥 ▶ 4

1 볼에 부드러운 버터와 슈거파우더를 넣고 섞는다.
2 노른자를 넣고 섞는다.
3 함께 체 친 박력분, 아몬드파우더, 코코아파우더와 카카오 닙을 넣고 섞는다.
4 랩으로 감싸 냉장고에서 1시간 동안 휴지시킨다.
5 2mm 두께로 밀어 편 다음 10×30㎝ 직사각형으로 2장을 잘라 윗불과 아랫불 모두 175℃로 예열한 데크 오븐에서 25분 정도 굽는다.

B 초콜릿 비스퀴

1 볼에 노른자와 설탕A를 넣고 뽀얗게 될 때까지 섞는다.
2 흰자에 설탕B를 나누어 넣으며 휘핑해 단단한 머랭을 만든다.
3 1과 2를 섞은 뒤 함께 체 친 박력분, 코코아파우더, 아몬드파우더를 넣고 섞는다.
4 녹인 버터를 넣고 섞는다.
5 유산지를 간 30×40㎝ 크기의 베이킹팬에 부어 평평하게 펼치고 윗불과 아랫불 모두 180℃로 예열한 데크 오븐에서 12분 정도 굽는다.
6 팬에서 빼 식힌 뒤 10×30㎝ 크기로 4장 자르고 1.5㎝ 두께로 슬라이스한다.

C 체리 콩포트

1 냉동 사워체리와 설탕을 섞어 수분이 빠져 나오도록 둔다.
   tip 수분이 나오는 시간은 양과 온도에 따라서 달라지기 때문에 육안으로 정도를 확인한다.
2 체리 과육은 체에 걸러 내고 남은 수분만 끓여 시럽을 만든 뒤 체리 과육을 넣어 다시 끓인다.
   tip. 체리 과육은 오래 가열하면 뭉개지기에 시럽을 먼저 끓인다.
3 체리 과육에 시럽이 스며들 때까지 냉장고에서 하룻밤 정도 보관한다.

D 앙비바주 시럽

1 볼에 C(체리 콩포트) 시럽과 키르슈를 넣고 섞는다.

E 초콜릿 크림

1 데운 생크림A를 반쯤 녹인 다크초콜릿에 넣고 천천히 유화시켜 가나슈를 만든다.
2 적당히 식힌 뒤 생크림B를 넣고 섞어 냉장고에서 차갑게 식힌다.
3 단단하게 휘핑해 짤주머니에 넣는다.

F 샹티이 크림

　　마스카르포네 치즈 160g
　　설탕 40g
　　생크림 400g
　　키르슈 20g
　　-

조합

　　다크초콜릿 적당량
　　나파주 적당량
　　체리 적당량
　　밀크초콜릿 코포 적당량
　　데코스노우 적당량
　　식용 금박 적당량

F 샹티이 크림

1 부드러운 마스카르포네 치즈에 설탕을 넣고 매끄럽게 잘 푼다.
2 생크림을 조금씩 넣으며 덩어리가 없어지도록 잘 섞는다.
3 키르슈를 넣은 뒤 짜기에 적합한 되기가 될 때까지 휘핑한다.

조합

1 B(초콜릿 비스퀴) 1장에 D(앙비바주 시럽)를 바른 뒤 E(초콜릿 크림)를 절반 정도 평평하게 짠다.
2 C(체리 콩포트)의 과육 절반을 올리고 B(초콜릿 비스퀴) 1장을 덮은 뒤 D(앙비바주 시럽)를 바른다.
3 F(샹티이 크림)를 약 1㎝ 두께로 펴 바른다.
4 B(초콜릿 비스퀴) 1장을 올린 뒤 D(앙비바주 시럽)를 바르고 남은 E(초콜릿 크림)를 평평하게 짠다.
5 남은 C(체리 콩포트)의 과육을 올리고 남은 B(초콜릿 비스퀴) 1장을 덮은 뒤 남은 D(앙비바주 시럽)를 발라 약 9㎝ 높이의 샌드를 완성한다.
6 냉장고에서 차갑게 굳힌 다음 길게 이등분하고 다듬는다.
7 9×30㎝ 직사각형으로 다듬은 A(초콜릿 사블레) 2장을 자른 단면에 각각 붙인다.
8 초콜릿 사블레가 바닥을 향하게 놓은 뒤 F(샹티이 크림)로 아이싱한다.
9 옆면 아래쪽에 다진 다크초콜릿을 붙인다.
10 양 끝을 반듯하게 잘라 다듬고 3.5㎝ 폭으로 재단한 다음 남은 F(샹티이 크림)를 별 모양깍지를 낀 짤주머니에 담아 윗면에 짠다.
11 나파주를 바른 체리, 밀크초콜릿 코포, 데코스노우, 식용 금박으로 장식한다.

Baking point.

❶ 샌드용 크림은 단단하게 휘핑해야 모양이 잘 유지되며 제품을 자르기도 쉽다.
❷ 초콜릿 비스퀴는 두꺼운 편으로 일반적인 시트를 굽는 온도보다 조금 더 낮은 온도에서 천천히 굽는 것이 좋다.

유자 무스 케이크

MOUSSE
de Yuzu

겨울에 차로 즐겨 마시는 유자청을 활용한 제품이다.
무스의 부드러움, 초콜릿 푀양틴의 바삭함, 유자 콩포트 속
유자 껍질의 쫀득함이 어우러져 다채로운 식감을 즐길 수 있다.

03

Quantity
지름 15㎝ 원형 무스케이크 1개 분량

MOUSSE de Yuzu

🍮 크렘 앙글레즈 ▶4

A 초콜릿 비스퀴
노른자 63g
설탕A 19g
코코아파우더 25g
20보메 시럽 63g
흰자 88g
설탕B 38g
박력분 63g
−

B 유자 즐레
유자즙 32g
오렌지 주스 52g
설탕 14g
젤라틴 1.8g
−

C 유자잼
유자청 42g
물 21g
아니스 ⅓개
바닐라 빈 ¼개
−

D 앙글레즈 크림
노른자 36g
설탕 31g
우유 110g
생크림 110g
−

E 밀크초콜릿 무스
D(앙글레즈 크림) 18g
젤라틴 1g
밀크초콜릿 18g
생크림 36g
−

A 초콜릿 비스퀴
1 볼에 노른자와 설탕A를 넣고 미색이 될 때까지 휘핑한다.
2 코코아파우더에 데운 20보메 시럽을 넣고 거품기로 덩어리가 없어질 때까지 섞은 뒤 1에 넣어 섞는다.
3 다른 볼에 흰자를 넣고 설탕B를 나누어 넣으며 휘핑해 머랭을 만든다.
4 2에 머랭을 넣고 섞는다.
5 체 친 박력분을 넣고 섞는다.
6 유산지를 깐 지름 15㎝ 원형 케이크 틀에 부어 윗불과 아랫불 모두 175℃로 예열한 데크 오븐에서 24분 정도 굽는다.
7 틀에서 빼 식힌 뒤 1㎝ 두께로 슬라이스한다.

B 유자 즐레
1 냄비에 유자즙, 오렌지 주스, 설탕을 넣고 끓인다.
2 얼음물에 불려 물기를 제거한 젤라틴을 넣고 녹인다.
3 지름 12㎝ 원형 무스 틀에 랩을 씌운 뒤 2를 부어 냉동고에서 굳힌다.

C 유자잼
1 냄비에 모든 재료를 넣고 걸쭉해질 때까지 졸인다.
2 아니스와 바닐라 빈 깍지를 제거한다.

D 앙글레즈 크림 🍮▶4
1 볼에 노른자와 설탕을 넣고 섞는다.
2 냄비에 우유와 생크림을 넣고 데운 다음 1에 조금씩 넣으면서 섞는다.
3 다시 냄비에 옮겨 저으면서 80℃까지 가열한 뒤 체에 거른다.

E 밀크초콜릿 무스
1 80℃의 D(앙글레즈 크림)에 얼음물에 불려 물기를 제거한 젤라틴을 넣고 녹인다.
2 녹인 밀크초콜릿에 넣고 섞은 뒤 25℃까지 식힌다
3 60%까지 휘핑한 생크림을 넣고 섞는다.
4 B(유자 즐레) 위에 부어 윗면을 평평하게 정리한 뒤 냉동고에서 굳힌다.

F 화이트초콜릿 무스

    D(앙글레즈 크림) 186g

    젤라틴 4g

    화이트초콜릿 90g

    생크림 78g

    -

G 초콜릿 푀양틴

    화이트초콜릿 18g

    푀양틴 10g

    아몬드 분태 3g

H 화이트초콜릿 글라사주

    생크림 80g

    젤라틴 2g

    화이트초콜릿 130g

    유자 제스트 1개 분량

    미루아르 50g

    -

조합

    화이트초콜릿 장식물 적당량

F 화이트초콜릿 무스

1 80℃의 D(앙글레즈 크림)에 얼음물에 불려 물기를 제거한 젤라틴을 넣어 녹인다.

2 녹인 화이트초콜릿에 넣고 섞은 뒤 25℃까지 식힌다.

3 70%까지 휘핑한 생크림을 넣고 섞는다.

    tip. 밀크초콜릿 무스가 완전히 굳은 것을 확인 한 후에 만든다.

G 초콜릿 푀양틴

1 화이트초콜릿을 35℃로 녹인다.

2 푀양틴과 구운 아몬드 분태를 넣고 섞은 뒤 트레이에 펼쳐 냉장고에서 굳힌다.

H 화이트초콜릿 글라사주

1 데운 생크림에 얼음물에 불려 물기를 제거한 젤라틴을 넣고 녹인다.

2 녹인 화이트초콜릿에 넣고 섞는다.

3 유자 제스트와 미루아르를 넣고 섞는다.

조합

1 A(초콜릿 비스퀴) 1장에 C(유자잼)를 바르고 지름 15㎝ 원형 무스 틀에 넣는다.

2 다진 G(초콜릿 푀양틴)를 넣는다.

3 F(화이트초콜릿 무스)를 틀의 70%까지 넣는다.

4 틀에서 뺀 E(밀크초콜릿 무스)를 유자 즐레가 위를 향하도록 중앙에 눌러 넣는다.

5 남은 F(화이트초콜릿 무스)를 채우고 윗면을 평평하게 정리해 냉동고에서 굳힌다.

6 틀에서 빼 겉면에 30℃의 H(화이트초콜릿 글라사주)를 부어 씌운다.

7 화이트초콜릿 장식물로 윗면과 옆면을 장식한다.

Baking point.

❶ 유자 즐레가 확실하게 굳으면 밀크초콜릿 무스를 만들고, 밀크초콜릿 무스가 확실하게 굳은 뒤에 화이트초콜릿 무스를 만들어 바로바로 사용한다.

❷ 화이트초콜릿 글라사주를 냉동 혹은 냉장 보관했다 사용하는 경우 차갑게 굳은 상태에서 저으면 재결정화가 일어날 수 있기 때문에 녹인 다음에 섞어야 한다.

CHALEUR
du café

커피가 주는 따뜻한 이미지를 담은 이 제품은 커피 무스에
연유 크림을 넣어 달콤한 베트남식 커피를 이미지화한 디저트이다.
전체적으로 부드러운 가운데 바닥 부분에 깐 크로캉이 바삭한 식감을 더한다.

04

Quantity
4.5×7.5×4㎝ 타원형 무스케이크 15개 분량

A 장식용 반죽
버터 30g
슈거파우더 30g
흰자 30g
박력분 25g
코코아파우더 5g
–

B 커피 비스퀴 조콩드
아몬드파우더 100g
슈거파우더 100g
달걀 170g
커피 가루 5g
박력분 26g
흰자 100g
설탕 25g
버터 30g
–

C 크로캉 누아
아몬드 프랄리네 30g
다크초콜릿 20g
잔두야 초콜릿 30g
설탕 30g
물 10g
호두 40g
푀양틴 35g

A 장식용 반죽

1 부드러운 버터에 슈거파우더를 넣고 섞는다.
2 실온의 흰자를 조금씩 넣으며 섞는다.
3 함께 체 친 박력분과 코코아파우더를 넣고 섞는다.
4 베이킹 시트를 깐 43×34㎝ 크기의 베이킹팬에 반죽을 모양내 짠 뒤 냉동고에서
    굳힌다.

B 커피 비스퀴 조콩드 🍳 ▶3

1 볼에 아몬드파우더, 슈거파우더, 달걀을 넣고 섞은 뒤 중탕으로 체온 정도까지 데운다.
2 뤼방 상태가 될 때까지 휘핑한다.
3 소량의 뜨거운 물(분량 외)에 커피 가루를 넣어 잘 녹인 뒤 2에 넣고 섞는다.
4 체 친 박력분을 넣고 섞는다.
5 다른 볼에 흰자를 넣고 설탕을 나누어 넣으며 휘핑해 머랭을 만든다.
6 4에 머랭을 2번에 나누어 넣고 섞은 뒤 녹인 버터를 넣어 섞는다.
7 A(장식용 반죽) 위에 붓고 평평하게 펼친다.
8 윗불과 아랫불 모두 200℃로 예열한 데크 오븐에서 10분 정도 구운 뒤 팬에서 빼
    식힌다.
9 5㎜ 두께로 슬라이스한 다음 30×2㎝ 띠 모양으로 2장, 18.5×3㎝ 띠 모양으로
    15장을 자른다.
    tip. 30×2㎝ 크기로 2장을 먼저 자른 뒤 나머지를 18.5×3㎝ 크기로 자른다.

C 크로캉 누아

1 아몬드 프랄리네, 다크초콜릿, 잔두야 초콜릿을 함께 녹인다.
2 냄비에 설탕과 물을 넣고 시럽을 끓인 뒤 호두를 넣어 캐러멜화하고 식힌 다음
    5㎜ 크기로 다진다.
3 1에 다진 호두와 푀양틴을 넣고 섞는다.

D 커피 무스

생크림A 320g
커피 원두 10g
노른자 60g
30보메 시럽 70g
생크림B 40g
커피 가루 6g
젤라틴 6g
설탕 30g

–

E 우유 크림

생크림 60g
마스카르포네 치즈 30g
연유 15g
설탕 5g

–

조합

나파주 적당량
커피 익스트랙트 적당량
슈거파우더 적당량
호두 15개
펄 초콜릿 적당량
다크초콜릿 장식물 적당량

D 커피 무스 🍳▶5

1 생크림A에 밀대로 밀어 부순 커피 원두를 넣고 하룻밤 동안 냉장고에서 우린다.
2 체에 거른 뒤 생크림의 무게가 320g이 되도록 생크림(분량 외)을 보충하고 70%까지 휘핑한다.
3 볼에 노른자와 30보메 시럽을 넣고 중탕으로 저으면서 80℃까지 데운다.
   tip. 30보메 시럽은 물 100g과 설탕 122g으로 만든다.
4 체에 거르고 휘핑해 파트 아 봉브를 만든다.
5 볼에 생크림B, 커피 가루, 얼음물에 불려 물기를 제거한 젤라틴, 설탕을 넣고 중탕으로 녹인다.
6 파트 아 봉브에 5를 넣어 섞은 뒤 2를 넣고 섞는다.

E 우유 크림

1 볼에 모든 재료를 넣고 짤 수 있는 정도가 될 때까지 휘핑한다.
2 지름 1cm 원형 깍지를 낀 짤주머니에 담아 30×2cm 크기로 자른 B(커피 비스퀴 조콩드) 위에 2줄 짠 뒤 냉동고에서 굳힌다.
3 4cm 간격으로 15조각을 자른다.

조합

1 4.5×7.5×4cm 타원형 무스 틀 안쪽에 18.5×3cm 크기로 자른 B(커피 비스퀴 조콩드)를 두른다.
2 바닥에 C(크로캉 누아) 10g을 평평하게 넣는다.
3 D(커피 무스)를 틀의 절반 높이까지 넣은 뒤 T(우유 크림)를 살짝 눌러 넣는다.
4 남은 D(커피 무스)로 채운 뒤 윗면을 평평하게 정리해 냉동고에서 굳힌다.
5 틀에서 뺀 다음 나파주와 커피 익스트랙트를 섞어 윗면에 바른다.
6 슈거파우더를 뿌린 호두, 펄 초콜릿, 다크초콜릿 장식물로 장식한다.

Baking point. 파트 아 봉브를 만들 때 끓는 상태의 중탕물에 올려 저으면서 데운 뒤 따뜻할 때 휘핑해 공기를 포집하면 가벼운 식감으로 만들 수 있다.

CHOCOLAT
et Cassis

아몬드 풍미의 비스퀴 반죽에 카시스 가나슈를 층층이 발라 묵직하면서도
기분 좋은 새콤함을 느낄 수 있는 초콜릿 케이크이다. 카시스 퓌레와
리큐어를 넣은 앙비바주 시럽을 사용해 카시스의 향을 극대화시키고
밀크초콜릿 크림을 더해 산미를 부드럽게 중화시켰다.

05

Quantity
6㎝ 정사각형 케이크 6개 분량

A 초콜릿 비스퀴
마지팬 80g
노른자 35g
달걀 100g
흰자 120g
설탕 100g
옥수수 전분 50g
코코아파우더 25g
버터 25g
–

B 앙비바주 시럽
18보메 시럽 80g
카시스 퓌레 40g
카시스 리큐어 10g
–

C 카시스 가나슈
생크림 135g
트리몰린 15g
밀크초콜릿 165g
카시스 퓌레 55g
버터 15g
–

D 밀크초콜릿 크림
밀크초콜릿 60g
생크림A 30g
생크림B 130g

A 초콜릿 비스퀴

1 볼에 마지팬을 넣고 노른자와 달걀을 조금씩 나누어 넣으며 덩어리가 생기지 않도록 섞은 뒤 볼륨감이 생길 때까지 휘핑한다.
2 다른 볼에 흰자를 넣고 설탕을 여러 번 나누어 넣으며 휘핑해 단단한 머랭을 만든다.
3 1에 함께 체 친 옥수수 전분과 코코아파우더를 넣고 섞은 뒤 머랭을 2번에 나누어 넣고 섞는다.
4 중탕으로 녹인 버터를 넣고 섞은 뒤 유산지를 깐 43×34㎝ 크기의 베이킹팬에 부어 평평하게 펼친다.
5 윗불과 아랫불 모두 180℃로 예열한 데크 오븐에서 12분 정도 굽고 팬에서 빼 식힌다.
6 1㎝ 두께로 슬라이스한 다음 십(十)자 모양으로 4등분한다.

B 앙비바주 시럽

1 모든 재료를 함께 섞는다.

C 카시스 가나슈

1 냄비에 생크림과 트리몰린을 넣고 데운다.
2 녹인 밀크초콜릿에 1을 넣어 유화시킨다.
3 실온의 카시스 퓌레를 넣고 유화시킨다.
4 부드러운 버터를 넣고 섞는다.
5 아이싱이 가능할 정도의 농도가 될 때까지 냉장고에서 식힌다.

D 밀크초콜릿 크림

1 녹인 밀크초콜릿에 데운 생크림A를 넣고 유화시킨다.
2 생크림B를 넣고 섞은 뒤 냉장고에서 차가워질 때까지 보관한다.
3 80%까지 휘핑한다.

조합

다크초콜릿 적당량
카카오버터 적당량
카시스 퓌레 적당량
나파주 적당량
다크초콜릿 장식물 12개
식용 금박 적당량

조합

1 A(초콜릿 비스퀴) 1장에 B(앙비바주 시럽)를 바르고 C(카시스 가나슈) 100g을
   펴 바른다.

2 1 위에 1의 작업을 2회 더 반복해 쌓는다.

3 남은 A(초콜릿 비스퀴)를 올린 뒤 윗면에 남은 C(카시스 가나슈)를 얇게 발라
   냉장고에서 굳힌다.

4 원형 깍지를 낀 짤주머니에 D(밀크초콜릿 크림)를 넣어 윗면에 모양을 내 짠 뒤
   냉동고에서 굳힌다.

5 6cm 크기의 정사각형으로 자르고 냉동고에서 굳힌다.

6 다크초콜릿과 카카오버터를 1:1 비율로 녹인 뒤 피스톨레에 넣고 윗면에 분사한다.

7 카시스 퓌레와 나파주를 1:1 비율로 섞어 카시스 나파주를 만들고 6의 윗면
   군데군데에 짠다.

8 삼각형 다크초콜릿 장식물을 양쪽 단면에 붙인다.

9 식용 금박을 붙여 장식한다.

Baking point.

❶ 카시스 가나슈는 가나슈를 만든 후에 퓌레를 넣기 때문에 유화가 잘 된다.

❷ 밀크초콜릿 크림을 짤 때 다른 모양의 깍지를 사용하거나 짜는 모양을 달리하면
   제품 이미지를 변화시킬 수 있다.

CAFÉ
au caramel

캐러멜 커피

캐러멜의 단맛과 커피의 씁쓸한 맛이 균형을 이루는 케이크이다.
젤라틴을 소량만 사용해 식감이 부드러우며 윗면에는
초콜릿 글라사주를 씌워 깔끔하게 마무리했다.

06

Quantity
18×9㎝ 직사각형 무스케이크 2개 분량

CAFÉ
au caramel

🍮 파트 아 제누아즈 ▶1   🍮 크렘 앙글레즈 ▶4
🍮 머랭그 이탈리엔느 ▶6

A 커피 제누아즈
달걀 180g
설탕 75g
트리몰린 20g
박력분 38g
옥수수 전분 20g
뜨거운 물 8g
커피 가루 8g
–

B 앙비바주 시럽
물 31g
설탕 13g
커피 가루 3g
깔루아 6g
–

C 커피 무스
노른자 36g
설탕 23g
우유 113g
커피 가루 9g
젤라틴 5.5g
브랜디 14g
깔루아 10g
생크림 180g
–

D 캐러멜 무스
설탕A 45g
물엿 5g
생크림A 30g
버터 24g
노른자 15g
젤라틴 4g
브랜디 9g
생크림B 120g
설탕B 30g
물 9g
흰자 30g

A 커피 제누아즈 🍮▶1
1 볼에 달걀, 설탕, 트리몰린을 넣고 섞어 중탕으로 40℃까지 데운다.
2 뤼방 상태가 될 때까지 휘핑한다.
3 함께 체 친 박력분과 옥수수 전분을 넣고 섞는다.
4 뜨거운 물에 커피 가루를 넣고 녹인 다음 반죽에 넣어 섞는다.
5 유산지를 깐 43×34cm 크기의 베이킹팬에 부어 평평하게 펼치고 팬을 1장 덧대어 윗불과 아랫불 모두 200℃로 예열한 데크 오븐에서 8분 정도 구운 뒤 식힌다.
6 18cm 정사각형으로 2장 자른다.

B 앙비바주 시럽
1 냄비에 물과 설탕을 넣고 끓인다.
2 커피 가루를 넣어 녹인 뒤 한 김 식힌다.
3 깔루아를 넣고 섞는다.

C 커피 무스 🍮▶4
1 볼에 노른자와 설탕을 넣고 섞은 뒤 데운 우유를 넣으며 섞는다.
2 냄비에 옮겨 저으면서 가열해 앙글레즈 크림을 만든다.
3 커피 가루를 넣고 섞는다.
4 얼음물에 불려 물기를 제거한 젤라틴을 넣고 녹인 뒤 체에 거른다.
5 차갑게 식힌 뒤 브랜디, 깔루아, 70%까지 휘핑한 생크림을 차례로 넣으며 섞는다.

D 캐러멜 무스 🍮▶6
1 냄비에 설탕A와 물엿을 넣고 가열해 캐러멜을 만든다.
2 데운 생크림A를 넣으며 섞는다.
3 실온의 버터를 넣고 섞는다.
4 80℃까지 데운 다음 50℃ 이하로 식혀 노른자를 넣고 섞는다.
5 다시 한 번 80℃까지 데운 뒤 얼음물에 불려 물기를 제거한 젤라틴과 브랜디를 넣고 섞는다.
6 차갑게 식힌 뒤 70%까지 휘핑한 생크림B를 넣고 섞는다.
7 냄비에 설탕B와 물을 넣고 끓여 시럽을 만든 뒤 휘핑한 흰자에 흘려 넣으며 휘핑해 이탈리안 머랭을 만든다.
8 6에 이탈리안 머랭을 넣고 섞는다.

216

E 초콜릿 글라사주

찬물 50g
젤라틴 10g
설탕 80g
우유 50g
물엿 80g
다크초콜릿 80g
미루아르 90g
-

조합

다크초콜릿 장식물 적당량
커피 원두 모양 초콜릿 적당량
식용 금박 적당량

E 초콜릿 글라사주

1 찬물에 젤라틴을 넣어 불린다.
  tip. 글라사주에 유동성을 부여하기 위해 물을 따로 계량해 함께 사용한다.
2 냄비에 설탕, 우유, 물엿을 넣고 끓인다.
3 1의 젤라틴을 물과 함께 넣고 녹인다.
4 다크초콜릿에 부은 뒤 유화시켜 가나슈를 만든다.
5 미루아르를 넣고 섞는다.

조합

1 18㎝ 정사각형 무스 틀에 A(커피 제누아즈) 1장을 넣고 B(앙비바주 시럽)를 바른다.
2 C(커피 무스)를 부은 뒤 남은 A(커피 제누아즈) 1장을 올리고 B(앙비바주 시럽)를 발라 냉동고에서 굳힌다.
3 C(캐러멜 무스)를 부은 뒤 윗면을 평평하게 정리해 냉동고에서 굳힌다.
4 틀에서 빼 18×9㎝ 직사각형으로 자른 뒤 윗면에 40℃의 E(초콜릿 글라사주)를 나누어 붓는다.
5 케이크 높이보다 1㎝ 더 크게 자른 다크초콜릿 장식물을 옆면에 붙인다.
6 다크초콜릿 장식물, 커피 원두 모양 초콜릿, 식용 금박으로 장식한다.

Baking point.

❶ 커피 제누아즈는 공기 포집을 충분히 하면 실패할 확률이 적다.
❷ 이탈리안 머랭은 양이 적기 때문에 스탠드 믹서의 거품기가 닿을 만큼의 양을 만든 뒤 필요한 분량을 계량해 사용하는 편이 만들기 쉽다.
❸ 글라사주를 윗면에 씌운 뒤 옆면으로 흘러내리더라도 초콜릿 장식물로 가릴 수 있기 때문에 깔끔하게 완성할 수 있다.

누아제트 쇼콜라

NOISETTE
Chocolat

비스퀴, 시럽, 가나슈, 크림 모두에 헤이즐넛을 듬뿍 넣어
진한 헤이즐넛 풍미를 느낄 수 있는 버터크림 케이크이다. 복주머니 모양 대신
다른 방법으로 장식하면 또 다른 느낌으로 연출할 수 있다.

07

Quantity
5㎝ 정사각형 케이크 10개 분량

A 헤이즐넛 비스퀴 조콩드
헤이즐넛파우더 95g
아몬드파우더 45g
슈거파우더 90g
달걀 151g
흰자 68g
설탕 39g
박력분 28g
버터 45g
헤이즐넛 오일 22g
－

B 가나슈
다크초콜릿 44g
생크림 44g
물엿 13g
버터 5g

C 버터크림
우유 65g
바닐라 빈 ⅓개
노른자 27g
설탕 31g
헤이즐넛 프랄리네 24g
커피 농축액 3g
커피 가루 3g
버터 109g
－

D 장식용 초콜릿
다크초콜릿 360g
아몬드 프랄리네 180g

A 헤이즐넛 비스퀴 조콩드 🍳 ▶3

1 볼에 헤이즐넛파우더, 아몬드파우더, 슈거파우더, 달걀을 넣고 중탕으로 30℃까지 데운 뒤 휘핑한다.
   tip. 견과류 파우더는 구워서 사용하면 열이 잘 전달되고 풍미가 좋아진다.
2 볼에 흰자를 넣고 설탕을 나누어 넣으며 70%까지 휘핑해 부드러운 머랭을 만든다.
3 1에 머랭의 ⅓, 체 친 박력분, 남은 머랭을 차례대로 넣으며 섞는다.
4 녹인 버터와 헤이즐넛 오일을 넣고 섞는다.
5 유산지를 깐 30㎝ 정사각형 베이킹팬 2장에 반씩 나누어 붓고 평평하게 펼친다.
6 철팬을 덧대어 윗불과 아랫불 모두 200℃로 예열한 데크 오븐에서 12분 정도 굽는다.
7 팬에서 빼 식힌 뒤 반씩 자른다.

B 가나슈

1 녹인 다크초콜릿에 60℃로 데운 생크림과 물엿을 넣고 유화시킨다.
2 버터를 넣고 섞은 뒤 실온에서 식힌다.

C 버터크림 🥣 ▶9

1 냄비에 우유, 바닐라 빈의 씨와 깍지를 넣고 데운다.
2 볼에 노른자와 설탕을 넣고 섞은 뒤 1을 넣으며 섞는다.
3 다시 냄비에 옮겨 저으면서 가열해 앙글레즈 크림을 만든다.
4 헤이즐넛 프랄리네를 넣고 섞은 뒤 커피 농축액과 커피 가루를 넣고 섞는다.
5 체에 거른 뒤 얼음물을 받쳐 30℃까지 식힌다.
6 부드러운 버터를 나누어 넣고 섞는다.

D 장식용 초콜릿

1 30×40㎝ 크기의 베이킹팬 뒷면을 깨끗하게 닦은 뒤 오븐에 잠시 넣어 40~50℃로 데운다.
2 녹인 다크초콜릿과 아몬드 프랄리네를 섞은 뒤 1의 베이킹팬 ⅔에 평평하게 펼치고 냉장고에서 10~20분 동안 굳힌다.
3 다시 실온에 5~10분 동안 두고 부드러워지면 삼각형 팔레트 나이프를 사용해 7~8㎝ 폭의 띠로 긁어 낸다.
   tip. 긁어낸 뒤 바로 모양을 잡아야 한다.

조합

에스프레소 82g
데코스노우 적당량

조합

1 A(헤이즐넛 비스퀴 조콩드) 1장에 에스프레소를 발라 적시고 C(버터크림) 반 정도를
   올려 평평하게 펴 바른 뒤 다시 A(헤이즐넛 비스퀴 조콩드) 1장을 올린다.
   tip. 윗면에 바를 버터크림을 조금 남겨 두고 반으로 나누어 사용한다.

2 에스프레소를 바른 뒤 B(가나슈)를 바른다.

3 1의 과정을 한 번 더 반복한다.

4 남은 에스프레소를 바른 뒤 남겨 둔 C(버터크림)를 펴 바른다.

5 냉장고 또는 냉동고에서 차갑게 굳힌 다음 옆면을 반듯하게 잘라 다듬고 5㎝
   정사각형으로 재단한다.

6 D(장식용 초콜릿)로 감싼 뒤 윗면을 오므려 복주머니 모양을 만들고 데코스노우를
   살짝 뿌린다.

**Baking
point.**

❶ 장식용 초콜릿을 만드는 베이킹 팬은 코팅이 되지 않은 철팬을 사용하고 철팬이 없을
   때에는 7㎝ 폭의 케이크 필름에 장식용 초콜릿을 바른 뒤 냉장고에서 굳혔다가 다시
   실온에 두어 부드러워지면 사용한다.

❷ 버터크림에 사용하는 버터는 실온에 두어 23~25℃의 부드러운 상태로 섞고 버터를
   넣을 때의 혼합물 온도는 반드시 30℃까지 식혀야 한다. 온도가 이보다 높으면 버터가
   녹아 묽고 무거운 식감의 버터크림이 된다. 반대로 온도가 낮으면 버터가 굳어 혼합물과
   잘 섞이지 않는다. 따라서 여름에 작업장 온도가 너무 높으면 버터가 너무 녹지 않도록
   얼음물을 살짝 받쳐 주는 것이 좋다. 또한 버터크림을 만들 때 공기를 많이 포집한 뒤
   섞으면 가벼운 식감으로 만들 수 있다.

MOUSSE
de Dulce

둘세 무스케이크

소금 캐러멜 맛이 나는 블론드 초콜릿을 넣어
달콤하면서도 짭조름한 감칠맛이 도는 무스케이크이다.
커피와 코코넛을 조합해 그 매력을 배가시켰으며 옥수수 전분을 넣은
클래식한 글라사주를 사용해 특별한 식감을 추가했다.

08

Quantity
지름 15㎝ 원형 무스케이크 2개 분량

🍧 크렘 앙글레즈 ▶4

A 헤이즐넛 비스퀴

버터 50g
설탕A 70g
헤이즐넛파우더 85g
달걀 90g
흰자 30g
설탕B 20g
-

B 헤이즐넛 푀양틴

헤이즐넛 20g
설탕 10g
블론드 초콜릿 28g
└ 발로나 둘세
헤이즐넛 프랄리네 18g
푀양틴 28g

C 코코넛 크림

코코넛 퓌레 50g
설탕 10g
젤라틴 1.5g
코코넛 리큐어 5g
생크림 90g
-

D 블론드 초콜릿 무스

생크림 75g
우유 75g
노른자 30g
설탕 15g
젤라틴 2g
블론드 초콜릿 80g
└ 발로나 둘세
밀크초콜릿 27g
└ 발로나 카라멜리아

A 헤이즐넛 비스퀴

1 볼에 부드럽게 푼 버터와 설탕A를 넣고 섞는다.
2 체 친 헤이즐넛파우더를 넣고 섞는다.
3 달걀을 조금씩 나누어 넣으며 섞는다.
4 다른 볼에 흰자를 넣고 설탕B를 나누어 넣으며 휘핑해 머랭을 만든다.
5 3에 머랭을 넣고 섞는다.
6 버터(분량 외)칠을 한 지름 15㎝ 원형 무스 틀 2개에 반죽을 나누어 넣는다.
7 윗불과 아랫불 모두 160℃로 예열한 데크 오븐에서 25~30분 동안 구운 뒤 한 김 빼고 냉동고에서 식힌다.
   tip. 구운 다음 냉동고에 넣어 놓으면 틀에서 깨끗하게 떨어진다.

B 헤이즐넛 푀양틴

1 냄비에 로스팅한 뒤 다진 헤이즐넛과 설탕을 넣고 캐러멜화한다.
2 녹인 블론드 초콜릿에 1, 헤이즐넛 프랄리네, 푀양틴을 넣고 섞는다.
3 베이킹 시트 위에 펼쳐 냉장고에서 굳힌 뒤 적당한 크기로 잘라 사용한다.

C 코코넛 크림

1 냄비에 코코넛 퓌레와 설탕을 넣고 50℃까지 데운다.
2 얼음물에 불려 물기를 제거한 젤라틴과 코코넛 리큐어를 넣고 섞는다.
3 얼음물에 받쳐 15℃까지 식힌 뒤 80%까지 휘핑한 생크림을 넣고 섞는다.
4 지름 12㎝ 원형 무스 틀 2개에 랩을 씌운 뒤 3을 반씩 나누어 넣고 냉동고에서 굳힌다.

D 블론드 초콜릿 무스 🍧▶4

1 냄비에 생크림과 우유를 넣고 끓기 직전까지 가열한다.
2 볼에 노른자와 설탕을 넣고 섞는다.
3 2에 1을 넣으며 섞은 뒤 다시 냄비에 옮겨 저으면서 가열해 앙글레즈 크림을 만든다.
4 얼음물에 불려 물기를 제거한 젤라틴을 넣어 녹인 뒤 체에 거른다.
5 함께 녹인 블론드 초콜릿과 밀크초콜릿에 넣어 섞는다.
6 가늘고 긴 핸드블렌더 전용 용기로 옮긴 뒤 핸드블렌더로 섞는다.
7 C(코코넛 크림) 위에 나누어 부은 뒤 냉동고에서 굳힌다.

E 커피 레제 무스

우유 130g
커피 원두 10g
통카 빈 1개
젤라틴 5g
블론드 초콜릿 240g
└ 발로나 둘세
생크림 258g
-

F 둘세 글라사주

옥수수 전분 13g
생크림 280g
트레할로스 80g
연유 60g
젤라틴 5g
블론드 초콜릿 50g
└ 발로나 둘세
나파주(비가열) 50g

조합

코코넛 슬라이스 적당량
다크초콜릿 장식물 적당량
커피 원두 모양 초콜릿 6개

E 커피 레제 무스

1 냄비에 우유를 넣어 데운 뒤 커피 원두와 통카 빈을 넣고 랩으로 감싸 10분 정도 앵퓌제한다.
   tip. 우리는 작업을 앵퓌제(Infuser)라고 한다.
2 체에 거른 뒤 중량이 130g이 되도록 우유(분량 외)를 보충한다.
3 얼음물에 불려 물기를 제거한 젤라틴을 넣어 녹인 뒤 한 번 더 체에 걸러 녹인 블론드 초콜릿에 넣고 유화시킨다.
4 30~35℃까지 식힌 뒤 70%까지 휘핑한 생크림을 넣고 섞는다.

F 둘세 글라사주

1 옥수수 전분에 생크림 일부를 넣고 섞어 페이스트 상태로 만든다.
2 남은 생크림을 냄비에 넣고 가열한 다음 1을 넣고 저으면서 끓여 호화시킨다.
3 트레할로스, 연유, 얼음물에 불려 물기를 제거한 젤라틴을 넣고 섞는다.
4 블론드 초콜릿에 3을 나누어 넣으며 유화시킨다.
5 나파주를 넣고 섞는다.

조합

1 지름 15cm 원형 무스 틀 2개에 랩을 씌운 뒤 E(커피 레제 무스)를 2등분해 붓는다.
2 틀에서 뺀 D(블론드 초콜릿 무스)를 코코넛 크림이 아래쪽을 향하도록 중앙에 살짝 눌러 넣는다.
3 남은 E(커피 레제 무스)를 조금 넣어 2를 덮는다.
4 B(헤이즐넛 퓌양틴)를 나누어 넣고 A(헤이즐넛 비스퀴)를 올려 냉동고에서 굳힌다.
5 틀에서 뒤집어 뺀 뒤 30℃ 정도의 F(둘세 글라사주)를 씌운다.
6 아랫부분에 가볍게 로스팅한 코코넛 슬라이스를 다져서 붙인다.
7 다크초콜릿 장식물과 커피 원두 모양 초콜릿으로 장식한다.

Baking point.

❶ 레제(Léger)는 프랑스어로 가볍다는 뜻이다.
❷ 블론드 초콜릿의 단맛이 강하게 느껴진다면 블론드 초콜릿 절반을 밀크초콜릿, 다크초콜릿 등으로 대체해 당도를 조절해도 좋다.
❸ 헤이즐넛 비스퀴는 아몬드 크림에 머랭을 섞은 듯한 반죽으로 다양하게 응용이 가능하다.

GÂTEAU
au thé

홍차 무스케이크

홍차, 오렌지, 캐러멜을 조합해 향이 다채로운 케이크이다.
부드러운 무스 사이 누가 초콜릿이 바삭하게 씹히고
캐러멜과 밀크초콜릿을 넣어 만든 글라사주가 달콤함을 더한다.

09

Quantity
지름 18㎝ 원형 무스케이크 2개 분량

227

GÂTEAU
au thé

파트 아 다쿠아즈 ▶ 9   크렘 앙글레즈 ▶ 4

A 홍차 다쿠아즈
흰자 128g
설탕 40g
아몬드파우더 76g
슈거파우더 76g
박력분 16g
간 홍차 찻잎 6g
-

B 얼그레이 무스
물 75g
홍차 찻잎 7g
우유 40g
젤라틴 4.5g
그랑마르니에 40g
생크림 105g
설탕 8g

C 오렌지 초콜릿 무스
노른자 82g
설탕 83g
생크림A 72g
패션프루트 퓌레 82g
오렌지 페이스트 7g
젤라틴 4g
쿠앵트로 7g
다크초콜릿 144g
생크림B 525g
-

D 누가 초콜릿
설탕 40g
헤이즐넛 30g
밀크초콜릿 50g
푀양틴 20g

A 홍차 다쿠아즈 ▶ 9
1 볼에 흰자를 넣고 설탕을 나누어 넣으며 휘핑해 머랭을 만든다.
2 함께 체 친 아몬드파우더, 슈거파우더, 박력분, 간 홍차 찻잎을 넣고 섞은 뒤 지름 1.2㎝ 원형 깍지를 낀 짤주머니에 담는다.
3 실리콘 패드를 깐 베이킹팬 한 장에는 지름 14㎝ 원형으로 2개를 눌러 짜고 , 다른 한 장에는 지름 5㎝ 돔 형태로 8개 짠다.
4 윗불과 아랫불 모두 180℃로 예열한 데크 오븐에서 15분 동안 구운 뒤 식힌다.

B 얼그레이 무스
1 물을 끓인 뒤 홍차 찻잎을 넣고 뚜껑을 덮어 2분 정도 우린다.
2 체에 걸러 40g을 계량한 다음 우유와 섞는다.
3 2를 끓인 뒤 얼음물에 불려 물기를 제거한 젤라틴과 그랑마르니에를 넣어 섞고 식힌다.
4 생크림에 설탕을 넣고 60%까지 휘핑한 다음 3에 넣고 섞는다.
5 지름 12㎝ 원형 무스 틀 두 개에 나누어 붓고 냉동고에서 굳힌다.

C 오렌지 초콜릿 무스 ▶ 4
1 볼에 노른자와 설탕을 넣고 섞는다.
2 냄비에 생크림A, 패션프루트 퓌레, 오렌지 페이스트를 넣고 데운 뒤 1에 넣으며 섞는다.
3 다시 냄비에 옮겨 저으면서 가열해 앙글레즈 크림을 만든다.
4 얼음물에 불려 물기를 제거한 젤라틴과 쿠앵트로를 넣고 섞는다.
5 체에 걸러 녹인 다크초콜릿에 넣고 섞은 뒤 30℃까지 식힌다.
6 60%까지 휘핑한 생크림B를 넣고 섞는다.

D 누가 초콜릿
1 냄비에 설탕을 넣고 가열해 연한색의 캐러멜을 만든 뒤 구운 헤이즐넛을 넣고 버무려 실리콘 패드 위에 펼쳐 놓고 굳힌다.
2 굵게 다진 뒤 녹인 밀크초콜릿에 넣고 푀양틴과 함께 섞는다.
3 굳힌 뒤 다시 한 번 다진다.

E 캐러멜 글라사주

설탕 106g
물엿 18g
버터 26g
생크림 272g
연유 55g
젤라틴 6g
밀크초콜릿 48g
ㄴ 발로나 타나리바 라떼
-

F 버터크림

버터 120g
화이트초콜릿 40g
-

G 카시스잼

냉동 카시스 150g
설탕 75g
펙틴 1.5g
레몬즙 6g
-

조합

초콜릿 제누아즈 크림 적당량
화이트초콜릿 장식물 적당량

E 캐러멜 글라사주

1 냄비에 설탕과 물엿을 넣고 가열해 캐러멜을 만든다.
2 버터를 넣어 녹인 뒤 함께 데운 생크림과 연유를 넣으며 섞는다.
3 얼음물에 불려 물기를 제거한 젤라틴을 넣고 녹인다.
4 체에 걸러 반쯤 녹인 밀크초콜릿에 붓는다.
5 핸드블렌더로 갈아 유화시킨다.

F 버터크림

1 부드럽게 푼 버터와 30℃로 녹인 화이트초콜릿을 섞는다.

G 카시스잼

1 냄비에 냉동 카시스와 설탕을 넣고 섞어 수분이 생길 때까지 둔다.
2 불에 올려 끓기 직전까지 가열한다.
3 펙틴을 넣고 흐르지 않을 정도까지 끓인 뒤 레몬즙을 넣고 섞는다.
4 식힌 뒤 핸드블렌더로 곱게 간다.

조합

1 지름 18㎝, 높이 4.5㎝ 원반 모양 실리콘 몰드에 C(오렌지 초콜릿 무스)를 절반 정도 붓는다.
2 중앙에 틀에서 뺀 B(얼그레이 무스)를 눌러 넣는다.
3 남은 C(오렌지 초콜릿 무스)를 90%까지 넣는다.
4 D(누가 초콜릿)를 고르게 넣는다.
5 지름 14㎝ 원형 A(홍차 다쿠아즈)를 올리고 윗면을 평평하게 정리한 다음 냉동고에서 굳힌다.
6 몰드에서 빼 30℃의 E(캐러멜 글라사주)를 부어 씌운 뒤 냉장고에서 굳힌다.
7 지름 5㎝ 돔 모양으로 짠 홍차 다쿠아즈 2개 사이에 F(버터크림)와 G(카시스잼)를 짜고 겹쳐 장식용 다쿠아즈를 만든다.
8 6의 아래쪽에 간 초콜릿 제누아즈 크림을 붙인다.
   tip. 초콜릿 제누아즈 크림은 초콜릿 제누아즈를 건조시킨 뒤 갈아서 사용한다.
9 장식용 다쿠아즈와 화이트초콜릿 장식물을 올려 장식한다.

Baking point.

❶ 글라사주의 캐러멜을 만들 때 오래 가열하면 케이크의 색이 어두워지기 때문에 색이 너무 진하게 나지 않도록 주의한다.
❷ 장식용 다쿠아즈는 모양을 변경해 구움과자 단품으로도 응용 가능하다.

GÂTEAU
pavé caramel

캐러멜 케이크

뵈르 누아제트를 넣어 좀 더 묵직한 느낌을 주는 비스퀴 조콩드와
버터크림을 층층이 겹쳐 올린 케이크이다.
캐러멜라이즈드 헤이즐넛을 더해 식감에 변주를 주었다.

10

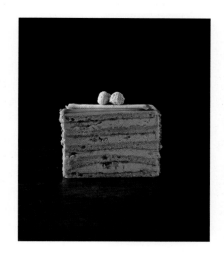

Quantity
3.5×8㎝ 직사각형 케이크 8개 분량

GÂTEAU
pavé caramel

🔴 비스퀴 조콩드 ▶3   🔵 크렘 오 뵈르 아 라 머랭그 이탈리엔느 ▶7

A 비스퀴 조콩드
버터 80g
생크림 20g
마지팬 230g
달걀 34g
노른자 68g
흰자 120g
설탕 40g
건조 흰자 3g
박력분 42g
–

B 캐러멜 소스
설탕 150g
생크림 150g
소금 2g

C 캐러멜 버터크림
흰자 60g
설탕 90g
물 30g
버터 240g
B(캐러멜 소스) 180g
–

D 캐러멜라이즈드 헤이즐넛
설탕 50g
물 15g
헤이즐넛 50g
–

E 아몬드 프랄리네
아몬드 슬라이스 50g
설탕 55g
물 25g

A 비스퀴 조콩드 🔴▶3
1 냄비에 버터를 넣고 연한 갈색이 될 때까지 가열한 다음 생크림을 넣어 섞는다.
2 마지팬에 달걀과 노른자를 조금씩 넣으며 섞은 뒤 뽀얗게 될 때까지 휘핑한다.
3 볼에 흰자를 넣고 함께 섞은 설탕과 건조 흰자를 나누어 넣으며 휘핑해 단단한 머랭을 만든다.
4 2에 머랭을 넣고 섞은 뒤 체 친 박력분과 1을 차례로 넣으며 섞는다.
5 유산지를 간 43×34㎝ 크기의 베이킹팬에 부어 평평하게 펼치고 윗불과 아랫불 모두 200℃로 예열한 데크 오븐에서 10분 정도 구운 뒤 식힌다.
6 8㎝ 폭의 띠 모양으로 5장 자른다.

B 캐러멜 소스
1 냄비에 설탕을 조금씩 넣으며 가열해 캐러멜을 만든다.
2 데운 생크림을 나누어 넣으며 섞은 뒤 체에 거르고 소금을 넣어 섞는다.

C 캐러멜 버터크림 🔵▶7
1 볼에 흰자를 넣고 60%까지 휘핑한다.
2 냄비에 설탕과 물을 넣고 118℃까지 끓인 뒤 1에 흘려 넣으며 휘핑해 이탈리안 머랭을 만든다.
3 부드러운 버터를 나누어 넣으며 섞은 뒤 B(캐러멜 소스)를 넣고 섞는다.

D 캐러멜라이즈드 헤이즐넛
1 냄비에 설탕과 물을 넣고 시럽을 끓인 뒤 구운 헤이즐넛을 넣어 설탕이 재결정화 될 때까지 뒤섞는다.
2 식힌 뒤 장식용으로 사용할 16개를 제외하고 적당히 다진다.

E 아몬드 프랄리네
1 베이킹팬에 아몬드 슬라이스를 펼쳐 놓고 윗불과 아랫불 모두 170℃로 예열한 데크 오븐에서 5~10분 동안 굽는다.
2 냄비에 설탕과 물을 넣고 가열해 캐러멜을 만든 뒤 1을 넣어 섞는다.
3 베이킹 시트에 펼쳐 식힌 뒤 다진다.

F 앙비바주 시럽

18보메 시럽 50g

브랜디 20g

-

조합

B(캐러멜 소스) 30g

나파주 60g

F 앙비바주 시럽

1 18보메 시럽과 브랜디를 섞는다.

조합

1 A(비스퀴 조콩드) 1장에 F(앙비바주 시럽)를 바른다.

2 C(캐러멜 버터크림)의 ⅛을 펴 바른 뒤 다진 D(캐러멜라이즈드 헤이즐넛)의 ¼을 올린다.

3 1, 2의 작업을 3번 더 반복해 쌓는다.

4 남은 A(비스퀴 조콩드) 1장을 올린 뒤 남은 F(앙비바주 시럽)를 바른다.

5 옆면을 반듯하게 정리한 다음 윗면과 옆면에 C(캐러멜 버터크림)를 얇게 바른다.

   tip. 장식용으로 사용할 C(캐러멜 버터크림)를 조금 남겨 둔다.

6 옆면에 E(아몬드 프랄리네)를 붙인 뒤 냉장고에서 굳힌다.

7 B(캐러멜 소스)와 나파주를 섞은 뒤 윗면에 부어 펼친다.

8 양 끝을 반듯하게 잘라 다듬고 3.5㎝ 폭으로 8조각을 재단한다.

9 남겨 둔 C(캐러멜 버터크림)를 짤주머니에 담아 사선으로 두 줄 짠 뒤 그 사이에 남은 B(캐러멜 소스)를 짠다.

10 남겨 둔 D(캐러멜라이즈드 헤이즐넛)를 두 개씩 올려 장식한다.

Baking point. 캐러멜 소스가 제품의 맛을 결정하는 중요한 요소이기 때문에 다른 재료와 어우러지기 위해 쌉싸래한 맛이 나도록 만든다.

ÉCLAIRS
AU CARAMEL
et chocolat

캐러멜의 진한 달콤함을 자랑하는 에클레르이다.
슈 반죽과 그 위에 짠 마카롱 반죽, 크림 속의 가나슈,
바깥쪽에 붙인 푀양틴 등이 다채로운 식감을 연출한다.

캐러멜 초콜릿 에클레르

11

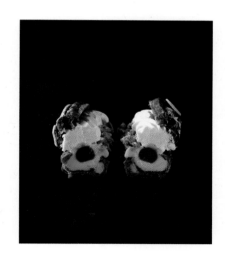

Quantity
길이 12㎝ 에클레르 20개 분량

파트 아 슈 ▶ 6   크렘 파티시에르 ▶ 2

A 슈 반죽
우유 100g
물 100g
버터 100g
소금 2g
박력분 100g
코코아파우더 12g
달걀 170g

B 에클레르
아몬드파우더 34g
슈거파우더 60g
코코아파우더 10g
흰자 30g
아몬드 슬라이스 적당량
슈거파우더 적당량

-

C 캐러멜 소스
설탕 100g
생크림 100g
소금 2g

-

D 디플로마트 크림
우유 400g
바닐라 페이스트 적당량
노른자 100g
설탕 110g
박력분 40g
버터 25g
C(캐러멜 소스) 80g
생크림 100g

-

E 캐러멜 크림
생크림 200g
마스카르포네 치즈 20g
C(캐러멜 소스) 40g

A 슈 반죽 ▶ 6
1 냄비에 우유, 물, 버터, 소금을 넣고 버터가 녹을 때까지 끓인다.
2 불에서 내려 함께 체 친 박력분과 코코아파우더를 넣고 섞는다.
3 다시 불에 올려 중불로 강하게 치대며 30초 정도 재가열 한 다음 볼에 옮긴다.
4 실온의 달걀을 조금씩 나누어 넣으며 섞어 주걱으로 반죽을 떠올려 보았을 때 삼각형
   모양으로 떨어지도록 되기를 조절한다.
5 에클레르 깍지를 낀 짤주머니에 담아 베이킹팬에 11㎝ 길이로 짠다.
   tip. 에클레르 깍지는 지름 1㎝ 별 모양, 12발 제품을 사용했다.

B 에클레르
1 함께 체 친 아몬드파우더, 슈거파우더, 코코아파우더에 흰자를 넣고 섞어 마카롱
   반죽을 만든다.
2 지름 3㎜ 원형 깍지를 낀 짤주머니에 담아 A(슈 반죽) 위에 지그재그로 짠다.
3 아몬드 슬라이스를 올리고 슈거파우더를 뿌린다.
4 윗불과 아랫불 모두 190℃로 예열한 데크 오븐에서 25분 정도 굽는다.

C 캐러멜 소스
1 냄비에 설탕을 조금씩 나누어 넣으며 가열해 캐러멜을 만든다.
2 데운 생크림을 조금씩 나누어 넣으며 섞는다.
3 소금을 넣고 섞는다.

D 디플로마트 크림 ▶ 2
1 냄비에 우유와 바닐라 페이스트를 넣고 끓인다.
2 볼에 노른자와 설탕을 넣고 섞은 뒤 체 친 박력분을 넣고 섞는다.
3 2에 1을 나누어 넣으며 섞은 뒤 다시 냄비에 옮겨 저으면서 가열해 파티시에 크림을
   만든다.
4 버터와 C(캐러멜 소스)를 넣고 섞는다.
5 볼 또는 트레이에 옮겨 랩을 밀착시키고 냉장고에서 차갑게 식힌다.
6 부드럽게 푼 뒤 단단하게 휘핑한 생크림과 섞는다.

E 캐러멜 크림
1 볼에 모든 재료를 넣고 덩어리가 없도록 잘 푼 뒤 짤 수 있는 농도가 될 때까지
   휘핑한다.

F 초콜릿 푀양틴
헤이즐넛 50g
밀크초콜릿 60g
푀양틴 30g

G 캐러멜 가나슈
생크림 115g
트리몰린 5g
설탕 42g
다크초콜릿 85g
밀크초콜릿 15g
버터 12g

H 캐러멜라이즈드 헤이즐넛
헤이즐넛 50g
물 15g
설탕 45g
버터 5g

조합
데코스노우 적당량

F 초콜릿 푀양틴

1 베이킹팬에 헤이즐넛을 펼쳐 놓고 윗불과 아랫불 모두 170℃로 예열한 데크 오븐에서 10분 동안 구운 뒤 식혀 굵게 다진다.
2 녹인 밀크초콜릿에 1과 푀양틴을 넣고 섞은 뒤 냉장고에서 차갑게 굳힌다.

G 캐러멜 가나슈

1 냄비에 생크림과 트리몰린을 넣고 데운다.
2 다른 냄비에 설탕을 넣고 가열해 캐러멜을 만든 뒤 1을 넣으며 섞는다.
3 함께 녹인 다크초콜릿과 밀크초콜릿에 2를 넣고 유화시킨다.
4 버터를 넣고 섞은 뒤 짤 수 있는 농도가 될 때까지 식힌다.
5 지름 8mm 원형 깍지(803번)를 낀 짤주머니에 담아 10cm 길이의 막대 모양으로 짠 다음 냉장고에서 차갑게 굳힌다.

H 캐러멜라이즈드 헤이즐넛

1 헤이즐넛을 베이킹팬에 펼쳐 놓고 윗불과 아랫불 모두 170℃로 예열한 데크 오븐에서 10분 동안 굽는다.
2 냄비에 물과 설탕을 넣고 끓인 뒤 1을 넣어 캐러멜화가 될 때까지 섞으며 가열한다.
3 버터를 넣고 섞은 뒤 베이킹 시트에 펼쳐 식힌다.

조합

1 B(에클레르)를 반으로 가른다.
2 아래 쪽에 D(디플로마트 크림)를 짜 채운다.
3 G(캐러멜 가나슈)를 적당한 크기로 잘라 2에 살짝 눌러 넣는다.
4 별 모양깍지를 낀 짤주머니에 E(캐러멜 크림)를 담아 3 위에 회오리 모양으로 짠 다음 남은 C(캐러멜 소스)를 뿌린다.
5 디플로마트 크림과 캐러멜 크림 경계면에 F(초콜릿 푀양틴)를 붙이고 H(캐러멜라이즈드 헤이즐넛)를 3개씩 붙인다.
6 에클레르 윗면을 덮은 뒤 데코스노우를 뿌린다.

Baking point.

❶ 슈 반죽을 되직하게 만들어야 모양이 퍼지지 않아 예쁘게 구울 수 있다.
❷ 마카롱 반죽을 짤 때 너무 두껍게 짜면 그 무게 때문에 슈 반죽이 잘 부풀지 않을 수 있어 주의해야 한다.

오렌지 초콜릿 타르트

TARTE CHOCOLAT
orange

초콜릿 타르트에 오렌지와 자몽으로 만든
시트러스 콩피를 더한 제품이다. 시트러스 콩피는 소량을 사용하지만
초콜릿과 잘 어우러져 제품의 완성도를 높인다.

12

Quantity
지름 18㎝ 원형 타르트 2개 분량

TARTE
CHOCOLAT
orange

파트 사블레 ▶4

A 초콜릿 사블레

버터 120g
슈거파우더 66g
노른자 42g
박력분 124g
아몬드파우더 26g
코코아파우더 30g
카카오 닙 25g
−

B 초콜릿 필링

생크림 200g
카카오매스 10g
다크초콜릿 66g
설탕 62g
박력분 7g
달걀 110g
노른자 33g
−

C 시트러스 콩피

오렌지 1개
자몽 1개
설탕 40g
카소나드 30g
꿀 40g
−

D 초콜릿 글라사주

파타 글라세 다크 120g
다크초콜릿 80g
식용유 30g
우유 100g
물엿 10g

A 초콜릿 사블레 ▶4

1 볼에 부드러운 버터와 슈거파우더를 넣고 섞는다.
2 노른자를 넣고 섞는다.
3 함께 체 친 박력분, 아몬드파우더, 코코아파우더와 카카오 닙을 넣고 섞는다.
4 랩으로 감싸 냉장고에서 1시간 정도 휴지시킨다.
5 3mm 두께로 밀어 편 다음 지름 18cm 원형 타르트 틀 2개에 퐁사주한다.
6 유산지와 누름돌을 올려 윗불과 아랫불 모두 175℃로 예열한 데크 오븐에서 25분
   정도 초벌 굽기한다.
   tip. 초벌 굽기는 애벌 굽기, 셀 굽기라고도 한다.

B 초콜릿 필링

1 데운 생크림에 카카오매스와 다크초콜릿을 넣고 유화시켜 가나슈를 만든다.
2 볼에 설탕과 박력분을 넣고 섞은 뒤 달걀과 노른자를 넣고 섞는다.
3 1과 2를 섞는다.
4 A(초콜릿 사블레)에 반씩 나누어 붓고 윗불과 아랫불 모두 160℃로 예열한 데크
   오븐에서 20분 정도 구운 뒤 틀에서 빼 식힌다.

C 시트러스 콩피

1 오렌지와 자몽의 껍질을 벗긴 뒤 과육만 도려낸다.
2 껍질은 채 썬 뒤 물을 2~3회 갈아 가면서 데친다.
   tip. 껍질의 쓰고 떫은맛을 없애기 위해서는 물을 여러 번 갈면서 데쳐야 한다.
3 냄비에 2와 1, 설탕을 넣고 껍질이 부드러워질 때까지 끓인다.
4 카소나드와 꿀을 넣고 걸쭉해질 때까지 졸인 뒤 식힌다.

D 초콜릿 글라사주

1 파타 글라세 다크와 다크초콜릿을 함께 녹인 뒤 식용유를 넣고 섞는다.
2 우유와 물엿을 데운 뒤 1에 넣고 섞는다.

E 레이스 초콜릿 장식

설탕 40g
트레할로스 20g
펙틴 2.5g
버터 50g
우유 20g
트리몰린 7g
아몬드 분태 60g
카카오 닙 50g
–

조합

슈거파우더 적당량
샹티이 크림 적당량
다크초콜릿 장식물 6조각
말린 감귤칩 4조각

E 레이스 초콜릿 장식

1 설탕, 트레할로스, 펙틴을 잘 섞는다.
2 냄비에 버터, 우유, 트리몰린, 1을 넣고 가열한다.
3 아몬드 분태와 카카오 닙을 넣고 섞는다.
4 베이킹 시트 2장 사이에 넣고 밀대로 얇게 밀어 편 다음 냉동고에서 굳힌다.
5 필요한 크기로 자른 뒤 윗불과 아랫불 모두 150℃로 예열한 데크 오븐에서 15분 정도 굽는다.

조합

1 C(시트러스 콩피)의 껍질 부분을 장식용으로 조금 남겨 두고 나머지를 잘게 다져 B(초콜릿 필링) 위에 얇게 펼쳐 놓는다.
2 D(초콜릿 글라사주)를 부어 채운 뒤 냉장고에서 굳힌다.
3 한 쪽 가장자리에 슈거파우더를 뿌린다.
4 중앙에 샹티이 크림을 물결 모양으로 짠 다음 다크초콜릿 장식물, E(레이스 초콜릿 장식), 남겨둔 C(시트러스 콩피), 말린 감귤칩으로 장식한다.

Baking point.

❶ 시트러스 콩피는 껍질의 전처리 정도와 설탕을 넣는 타이밍에 따라 떫은맛과 질감이 달라지기 때문에 만들면서 맛과 질감을 확인한다.
❷ 제품 속에 넣는 시트러스 콩피는 잘게 다져 넣어야 이질감 없이 더 잘 어우러진다. 장식용은 채 썰어 사용한다.

Lesson 6. # EVENT

나카무라 아카데미 / 이벤트

ASSORTIMENT
de Macarons

마
카
롱
세
트

동일한 반죽에 조금씩 다른 재료를 첨가해 코크에 변주를 주고
가나슈와 버터크림을 필링에 사용한 마카롱 5종 세트이다. 마카롱 중앙에는
각각의 크림과 잘 어울리는 콩피, 잼 등을 넣어 맛에 악센트를 주었다.

01

유자

커피와 밤

콩가루와 초콜릿

딸기와 피스타치오

말차와 레몬

딸기와 피스타치오 마카롱

Quantity 22개 분량

A 마카롱 코크

설탕 85g
건조 흰자 1g
아몬드파우더 140g
슈거파우더 120g
흰자 105g
빨간색 식용 색소 적당량

-

B 피스타치오 크림

마지팬 80g
피스타치오 페이스트 30g
버터 20g
생크림 45g
소금 0.5g
녹색 식용 색소 적당량
노란색 식용 색소 적당량

-

C 딸기잼

딸기 100g
설탕 50g
레몬즙 10g

A 마카롱 코크

1 설탕과 건조 흰자는 잘 섞어 두고 아몬드파우더와 슈거파우더는 함께 체 친 뒤
냉장고에서 차갑게 보관한다.
2 믹서볼에 흰자를 넣고 설탕과 건조 흰자 혼합물을 나누어 넣으며 휘핑해 단단한
머랭을 만든다. 마무리 직전 단계에 빨간색 식용 색소를 넣고 믹싱한다.
3 1의 아몬드파우더와 슈거파우더를 넣고 섞은 뒤 마카로나주 작업을 한다.
4 원형 깍지를 낀 짤주머니에 담아 베이킹 시트를 깐 베이킹팬에 지름 4㎝ 원형으로
짠다.
5 실온에서 표면이 마를 때까지 건조시킨 다음 윗불과 아랫불 모두 160℃로 예열한
데크 오븐에서 15분 정도 굽는다.

B 피스타치오 크림

1 볼에 마지팬과 피스타치오 페이스트를 넣고 섞는다.
2 부드러운 버터를 넣고 섞은 뒤 생크림과 소금을 넣고 섞는다.
3 두 가지 식용 색소를 섞어 원하는 색을 맞춘 뒤 원형 깍지를 낀 짤주머니에 담는다.

C 딸기잼

1 냄비에 딸기와 설탕을 넣고 버무린 다음 1시간 정도 두어 딸기의 수분을 빼낸다.
2 불에 올려 잔거품을 제거해 가며 걸쭉한 농도가 될 때까지 끓인다.
3 레몬즙을 넣어 섞은 뒤 식히고 짤주머니에 담는다.

조합

1 A(마카롱 코크)는 크기와 모양으로 짝을 맞춘 뒤 절반을 뒤집어 놓는다.
2 가장자리의 살짝 안쪽에 B(피스타치오 크림)를 링 모양으로 짠다.
3 중앙에 C(딸기잼)를 짜 넣는다.
4 남은 마카롱 코크를 덮어 완성한다.

MACARON
Yuzu

유자 마카롱

😊 크렘 오 뵈르 아 라 머랭그 이탈리엔느 ▶7　　　　　　　*Quantity* 22개 분량

A 마카롱 코크

유자청 적당량
설탕 85g
건조 흰자 1g
아몬드파우더 140g
슈거파우더 120g
흰자 105g
노란색 식용 색소 적당량

–

B 유자 버터크림

설탕 100g
물 30g
흰자 50g
버터 120g
유자청 적당량

–

조합

유자청 적당량

A 마카롱 코크

1 유자청의 껍질 부분을 물에 헹군 뒤 건조시킨다.
2 설탕과 건조 흰자는 잘 섞어 두고 아몬드파우더와 슈거파우더는 함께 체 친 뒤 냉장고에서 차갑게 보관한다.
3 믹서볼에 흰자를 넣고 설탕과 건조 흰자 혼합물을 나누어 넣으며 휘핑해 단단한 머랭을 만든다. 마무리 직전 단계에 노란색 식용 색소를 넣고 믹싱한다.
4 2의 아몬드파우더와 슈거파우더를 넣고 섞은 뒤 마카로나주 작업을 한다.
5 원형 깍지를 낀 짤주머니에 담아 베이킹 시트를 깐 베이킹팬에 지름 4㎝ 원형으로 짠 뒤 절반에 1을 올린다.
6 실온에서 표면이 마를 때까지 건조시킨 다음 윗불과 아랫불 모두 160℃로 예열한 데크 오븐에서 15분 정도 굽는다.

B 유자 버터크림 😊 ▶7

1 냄비에 설탕과 물을 넣고 118℃까지 끓인다.
2 볼에 흰자를 넣고 60%까지 휘핑한 뒤 1을 조금씩 흘려 넣으며 휘핑해 이탈리안 머랭을 만든다.
3 한 김 식힌 뒤 부드러운 버터를 넣고 고르게 섞는다.
4 유자청을 넣고 섞은 다음 원형 깍지를 낀 짤주머니에 담는다.
　tip. 유자청은 완성된 버터크림의 30% 양을 계량해 사용한다.

조합

1 A(마카롱 코크)는 크기와 모양으로 짝을 맞춘 뒤 절반을 뒤집어 놓는다.
2 가장 자리의 살짝 안쪽에 B(유자 버터크림)를 링 모양으로 짠다.
3 중앙에 적당히 간 유자청을 짜 넣는다.
4 남은 마카롱 코크를 덮어 완성한다.

Baking point.　유자청이 묽은 편이라면 껍질만 걸러 사용한다.

커피와 밤 마카롱

Quantity 22개 분량

A 마카롱 코크
커피 가루A 적당량
물 적당량
커피 농축액 적당량
설탕 85g
건조 흰자 1g
아몬드파우더 140g
슈거파우더 120g
흰자 105g
커피 가루B 적당량

–

B 밤 크림
밤 페이스트 200g
버터 30g
럼 10g

–

조합
밤 페이스트 적당량

A 마카롱 코크

1 커피 가루A, 뜨거운 물, 커피 농축액을 섞어 커피 페이스트를 만든다.
2 설탕과 건조 흰자는 잘 섞어 두고 아몬드파우더와 슈거파우더는 함께 체 친 뒤
  냉장고에서 차갑게 보관한다.
3 믹서볼에 흰자를 넣고 설탕과 건조 흰자 혼합물을 나누어 넣으며 휘핑해 단단한
  머랭을 만든다. 마무리 직전 단계에 1을 넣고 믹싱한다.
4 2의 아몬드파우더와 슈거파우더 혼합물을 넣고 섞은 뒤 마카로나주 작업을 한다.
5 원형 깍지를 낀 짤주머니에 담아 베이킹 시트를 깐 베이킹팬에 지름 4㎝ 원형으로 짠
  다음 커피 가루B를 조금씩 뿌린다.
6 실온에서 표면이 마를 때까지 건조시킨 다음 윗불과 아랫불 모두 160℃로 예열한
  데크 오븐에서 15분 정도 굽는다.

B 밤 크림

1 밤 페이스트와 부드러운 버터를 섞는다.
2 럼을 넣고 섞은 다음 원형 깍지를 낀 짤주머니에 담는다.

조합

1 A(마카롱 코크)는 크기와 모양으로 짝을 맞춘 뒤 절반을 뒤집어 놓는다.
2 가장 자리의 살짝 안쪽에 B(밤 크림)를 링 모양으로 짠다.
3 중앙에 밤 페이스트를 짜 넣는다.
4 남은 마카롱 코크를 덮어 완성한다.

Baking point. 커피 페이스트는 농도가 진하기 때문에 소량만 사용해도
커피 맛을 충분히 낼 수 있다.

MACARON FARINE DE SOJA
et chocolat

콩가루와 초콜릿 마카롱

Quantity 22개 분량

A 마카롱 코크

설탕 85g
건조 흰자 1g
아몬드파우더 125g
슈거파우더 120g
볶은 콩가루 15g
흰자 105g
검은깨 적당량
콩가루 적당량

-

B 콩가루 가나슈

밀크초콜릿 100g
볶은 콩가루 10g
생크림 55g
트리몰린 10g

-

C 팥 버터크림

버터 30g
소금 0.5g
팥앙금 60g

A 마카롱 코크

1 설탕과 건조 흰자는 잘 섞어 두고 아몬드파우더, 슈거파우더, 볶은 콩가루는 함께 체 친 뒤 냉장고에서 차갑게 보관한다.
2 믹서볼에 흰자를 넣고 설탕과 건조 흰자 혼합물을 나누어 넣으며 휘핑해 단단한 머랭을 만든다.
3 1의 아몬드파우더, 슈거파우더, 볶은 콩가루 혼합물을 넣고 섞은 뒤 마카로나주 작업을 한다.
4 원형 깍지를 낀 짤주머니에 담아 베이킹 시트를 깐 베이킹팬에 지름 4cm 원형으로 짠 다음 검은깨와 콩가루를 조금씩 뿌린다.
5 실온에서 표면이 마를 때까지 건조시킨 다음 윗불과 아랫불 모두 160℃로 예열한 데크 오븐에서 15분 정도 굽는다.

B 콩가루 가나슈

1 중탕으로 녹인 밀크초콜릿에 볶은 콩가루를 넣고 섞는다.
2 냄비에 생크림과 트리몰린을 넣고 끓인 뒤 1에 넣어 섞는다.
3 트레이에 옮겨 랩을 밀착시키고 냉장고에서 짤 수 있는 농도가 될 때까지 보관한다.
4 원형 깍지를 낀 짤주머니에 담는다.

C 팥 버터크림

1 볼에 부드러운 버터, 소금, 팥앙금을 넣고 섞은 뒤 짤주머니에 담는다.

조합

1 A(마카롱 코크)는 크기와 모양으로 짝을 맞춘 뒤 절반을 뒤집어 놓는다.
2 가장 자리의 살짝 안쪽에 B(콩가루 가나슈)를 링 모양으로 짠다.
3 중앙에 C(팥 버터크림)를 짜 넣는다.
4 남은 마카롱 코크를 덮어 완성한다.

Baking point. 콩가루는 가볍게 볶은 것을 사용하면 고소한 풍미를 배가 시킬 수 있다.

말차와 레몬 마카롱

Quantity 22개 분량

A 마카롱 코크

설탕 85g
건조 흰자 1g
아몬드파우더 130g
슈거파우더 120g
말차파우더 8g
흰자 105g
초록색 식용 색소 적당량

-

B 말차 가나슈

화이트초콜릿 100g
말차파우더 3g
생크림 60g
버터 35g

-

C 레몬 콩피

레몬 2개
설탕 120g

A 마카롱 코크

1 설탕과 건조 흰자는 잘 섞어 두고 아몬드파우더, 슈거파우더, 말차파우더는 함께 체 친 뒤 냉장고에서 차갑게 보관한다.
2 믹서볼에 흰자를 넣고 설탕과 건조 흰자 혼합물을 나누어 넣으며 휘핑해 단단한 머랭을 만든다. 마무리 직전 단계에 초록색 식용 색소를 넣고 믹싱한다.
3 1의 아몬드파우더, 슈거파우더, 말차파우더 혼합물을 넣고 섞은 뒤 마카로나주 작업을 한다.
4 원형 깍지를 끼운 짤주머니에 담아 베이킹 시트를 깐 베이킹팬에 지름 4㎝ 원형으로 짠다.
5 실온에서 표면이 마를 때까지 건조시킨 다음 윗불과 아랫불 모두 160℃로 예열한 데크 오븐에서 15분 정도 굽는다.

B 말차 가나슈

1 중탕으로 녹인 화이트초콜릿에 말차파우더를 체 쳐 넣고 섞는다.
2 데운 생크림을 넣고 유화시킨다.
3 버터를 넣고 섞은 뒤 랩을 밀착 시키고 냉장고에서 짤 수 있는 농도가 될 때까지 차갑게 보관한다.
4 원형 깍지를 끼운 짤주머니에 담는다.

C 레몬 콩피

1 레몬은 껍질을 벗긴 뒤 얇게 채 치고 물을 교체해 가며 3번 데친다.
2 냄비에 1, 레몬 과육, 설탕 절반을 넣고 껍질이 부드러워 질 때까지 끓인다.
3 남은 설탕을 넣어 농도가 걸쭉해질 때까지 끓이고 핸드블렌더로 간 다음 짤주머니에 담는다.

조합

1 A(마카롱 코크)는 크기와 모양으로 짝을 맞춘 뒤 절반을 뒤집어 놓는다.
2 가장 자리의 살짝 안쪽에 B(말차 가나슈)를 링 모양으로 짠다.
3 중앙에 C(레몬 콩피)를 넣는다.
4 남은 마카롱 코크를 덮어 완성한다.

Baking point. | 레몬 콩피는 맛에 악센트를 주지만 많이 넣으면
레몬 맛이 너무 강해지기 때문에 주의한다.

ASSORTIMENT
de Sablées

쿠키 세트

다양한 풍미의 쿠키들로 구성한 쿠키 세트이다.
틴케이스를 열었을 때 아름답게 보이면서도 빈틈이 보이지 않도록
종류와 크기, 모양과 색감의 조화를 고려했다.

02

레몬 머랭

린처　　벚꽃　　낭트　　말차　　쇼콜라

PÂTE SABLÉE
fleurs

벚꽃 쿠키

🍪 파트 사블레 ▶4   ***Quantity*** 약 20개 분량

버터 67g
슈거파우더A 33g
노른자 13g
바닐라 오일 적당량
박력분 100g
슈거파우더B 150g
흰자 15g
레몬즙 5g
바닐라 에센스 적당량
빨간색 식용 색소 적당량
노란색 식용 색소 적당량

1 볼에 부드러운 버터를 넣고 푼 다음 슈거파우더A를 넣고 섞는다.
2 노른자와 바닐라 오일을 넣고 섞는다.
3 체 친 박력분을 넣고 한 덩어리가 될 때까지 섞은 뒤 랩으로 감싸 냉장고에서
  30분~1시간 동안 휴지시킨다.
4 3mm 두께로 밀어 편 다음 냉장고에 넣어 굳힌다.
5 반죽을 벚꽃 모양 틀로 찍어 내 베이킹팬에 놓고 윗불과 아랫불 모두 175℃로 예열한
  데크 오븐에서 12분 정도 구운 뒤 식힌다.
6 슈거파우더B, 흰자, 레몬즙, 바닐라 에센스와 원하는 색소를 섞어 글라스 로얄을 만든다.
7 쿠키 위에 글라스 로얄을 모양내 짠 뒤 실온에서 굳힌다.
  tip. 먼저 글라스 로얄을 되직하게 만들어 가장자리 라인을 잡은 다음 조금 더 묽게 만들어
  가운데를 채우면 깔끔하게 만들 수 있다. 색소를 섞지 않은 흰색 글라스 로얄도 만들어
  굳힌 글라스 로얄 위에 꽃술 모양으로 짠다.

PÂTE SABLÉE
linzer

린처 쿠키

🍪 파트 사블레 ▶4   ***Quantity*** 약 20개 분량

버터 134g
슈거파우더 66g
노른자 26g
바닐라 오일 적당량
박력분 200g
달걀물 적당량
아몬드 슬라이스 적당량
산딸기잼 적당량

1 볼에 부드러운 버터를 넣고 푼 다음 슈거파우더를 넣고 섞는다.
2 노른자와 바닐라 오일을 넣고 섞는다.
3 체 친 박력분을 넣고 한 덩어리가 될 때까지 섞은 뒤 랩으로 감싸 냉장고에서
  30분~1시간 동안 휴지시킨다.
4 3mm 두께로 밀어 편 다음 냉장고에 넣어 굳힌다.
5 반죽을 국화 모양 틀로 찍어 내고 그중 절반은 중앙에 동그란 구멍을 낸다.
6 달걀물을 바른 다음 구멍을 낸 반죽 위에 아몬드 슬라이스 3개를 올린다.
7 베이킹팬에 놓고 윗불과 아랫불 모두 175℃로 예열한 데크 오븐에서 12~15분 동안
  구운 뒤 식힌다.
  tip. 구멍을 낸 반죽과 구멍을 내지 않은 반죽의 굽는 시간이 다르기 때문에 서로 다른
  베이킹팬에 나누어 굽는 것이 좋다.
8 구멍을 내지 않은 쿠키 위에 구멍을 낸 쿠키를 올리고 중앙에 뜨거운 상태의
  산딸기잼을 봉긋하게 짜 넣는다.
  tip. 산딸기잼은 냄비에 산딸기 퓌레 100g, 설탕A 50g, 물엿 20g, 물 20g을 넣고
  40℃까지 데운 뒤 함께 섞은 설탕B 50g과 펙틴LM 14g을 넣고 저으면서 105℃까지
  끓인 다음 레몬즙 30g을 넣고 섞어 사용한다.

PÂTE SABLÉE
thé vert

말차 쿠키

 파트 사블레 ▶ 4   *Quantity* 40개 분량

버터 100g
슈거파우더 50g
소금 1g
바닐라 오일 적당량
흰자 25g
박력분 116g
말차파우더 4g
파타 글라세 화이트 적당량
검은깨 적당량

1 볼에 부드러운 버터를 넣고 푼 다음 슈거파우더, 소금, 바닐라 오일을 넣고 섞는다.
2 흰자를 조금씩 나누어 넣으며 섞는다.
3 함께 체 친 박력분과 말차파우더를 넣고 섞는다.
4 납작 톱니 깍지(895번)를 낀 짤주머니에 담아 베이킹팬에 4.5×3.5㎝ 직사각형으로
   짠다.
5 윗불과 아랫불 모두 160℃로 예열한 데크 오븐에서 15분 정도 구운 뒤 식힌다.
   tip. 말차의 녹색을 최대한 살리기 위해서 오래 굽지 않도록 주의한다.
6 녹인 파타 글라세 화이트에 한쪽을 살짝 담갔다 뺀 뒤 그 위에 검은깨를 뿌린다.

Baking point. | 말차 쿠키는 구운 다음 빛이 들지 않는 장소에 보관하면
변색을 막을 수 있다.

PÂTE SABLÉE
chocolat

쇼콜라 쿠키

파트 사블레 ▶ 4   *Quantity* 55개 분량

버터 100g
슈거파우더 50g
소금 적당량
달걀 30g
박력분 105g
코코아파우더 15g
파타 글라세 다크 적당량
카카오 닙 적당량

1 볼에 부드러운 버터를 넣고 푼 다음 슈거파우더와 소금을 넣고 섞는다.
2 달걀을 조금씩 나누어 넣으며 섞는다.
3 함께 체 친 박력분과 코코아파우더를 넣고 섞는다.
4 상투 모양깍지를 낀 짤주머니에 담아 베이킹팬에 지름 4㎝ 정도의 조개 모양으로
   짠다.
   tip. 반죽에 코코아파우더가 들어가 유지 함량이 높기 때문에 손의 열로 인해 반죽이
   묽어지기 쉬우니 빠르게 작업해야 한다.
5 윗불과 아랫불 모두 170℃로 예열한 데크 오븐에서 15분 정도 구운 뒤 식힌다.
6 녹인 파타 글라세 다크에 살짝 담갔다 뺀 뒤 카카오 닙을 뿌린다.

PÂTE SABLÉE
nantais

낭트 쿠키

🔘 파트 사블레 ▶4   *Quantity* 40개 분량

박력분 100g
강력분 50g
아몬드파우더 50g
슈거파우더 50g
버터 110g
소금 1.5g
우유 10g
노른자 10g
노른자물 적당량

1 박력분, 강력분, 아몬드파우더, 슈거파우더를 함께 체 친 뒤 냉장고에서 차갑게
  보관한다.
2 푸드프로세서에 1, 버터, 소금을 넣고 포슬포슬한 상태가 될 때까지 섞는다.
3 작업대로 옮긴 뒤 우유와 노른자를 넣고 섞어 반죽이 한 덩어리로 뭉치면 랩으로 감싸
  냉장고에서 차가워질 때까지 휴지시킨다.
4 5㎜ 두께로 밀어 편 다음 지름 4㎝ 크기의 국화 모양 틀로 찍어 베이킹팬에 놓는다.
5 노른자물을 바른 뒤 포크로 긁어 모양을 내고 윗불과 아랫불 모두 180℃로 예열한
  데크 오븐에서 15분 정도 굽는다.
  tip. 노른자물은 노른자와 물을 섞어 만들며 광택을 내기 위해 바른다. 성형할 때 덧가루를
  많이 사용하면 노른자물을 발라도 구운 뒤에 광택이 나지 않을 수 있으니 주의해야 한다.

MERINGUE AU
citron

레몬 머랭

                                                    Quantity 100개 분량

흰자 60g
설탕 60g
레몬 제스트 ¼개 분량
슈거파우더 60g

1 볼에 흰자를 넣고 설탕을 나누어 넣으며 휘핑해 단단한 머랭을 만든다.
2 레몬제스트와 체 친 슈거파우더를 넣고 섞는다.
3 별 모양깍지를 낀 짤주머니에 담아 베이킹팬에 지름 2㎝ 물방울 모양으로 짠다.
4 윗불과 아랫불 모두 90℃로 예열한 데크 오븐에서 1시간 정도 구워 말린다.

Baking point. 레몬 머랭은 사용한 뒤에 잔열이 남은 오븐에서도 구울 수 있다.
단, 오븐의 온도가 100℃가 넘으면 구움색이 날 수 있어 주의해야 한다.

255

BONBON
au chocolat

봉봉 쇼콜라

모양과 맛 어느 것도 놓치지 않도록 엄선한 초콜릿 5종 세트이다.
저마다 개성이 강한 재료를 사용해 입안에서 부드럽게 녹는
식감과 고유의 향을 함께 즐길 수 있다. 손이 많이 가지만
깊은 맛을 내기 위해서는 모든 공정을 꼼꼼하게 수행해야만 한다.

03

패션프루트   모카   라즈베리   유자   말차

257

BONBON AU CHOCOLAT
fruit de la passion

패션프루트 봉봉 쇼콜라

Quantity 21개 분량

A 장미 모양 초콜릿 셸
식용 금펄 적당량
다크초콜릿 적당량
-

B 패션프루트와 홍차 필링
생크림 33g
홍차 찻잎 2g
트리몰린 2g
패션프루트 초콜릿 50g
└ 발로나 인스피레이션 패션
버터 10g
-

C 패션프루트와 살구 필링
밀크초콜릿 60g
다크초콜릿 15g
패션프루트 퓌레 37.5g
생크림 7.5g
트리몰린 7.5g
패션프루트 리큐어 7.5g
살구 퓌레 7.5g
-

조합
다크초콜릿 500g

A 장미 모양 초콜릿 셸
1 지름 3.3㎝ 크기의 장미 모양 초콜릿 몰드 바닥 쪽에 식용 금펄을 바른다.
2 템퍼링한 다크초콜릿을 붓고 쏟아 낸 다음 굳혀 셸을 만든다.
  tip. 초콜릿 셸이 두꺼우면 이후에 담을 가나슈의 양이 적어지기 때문에 얇게 만든다.

B 패션프루트와 홍차 필링
1 냄비에 생크림을 넣고 끓인 뒤 홍차 찻잎을 넣어 3분 동안 우린다.
2 체에 걸러 중량이 33g이 되도록 생크림(분량 외)을 보충한다.
3 다시 냄비에 옮기고 트리몰린을 넣어 80℃까지 데운다.
4 중탕으로 녹인 패션프루트 초콜릿에 3을 넣어 유화시킨 뒤 35℃까지 식힌다.
5 부드러운 버터를 넣고 섞는다.

C 패션프루트와 살구 필링
1 밀크초콜릿과 다크초콜릿을 중탕으로 녹인 뒤 80℃로 데운 패션프루트 퓌레를 넣고
  유화시킨다.
2 생크림과 트리몰린을 60℃까지 데운 뒤 1에 넣고 섞는다.
3 패션프루트 리큐어와 살구 퓌레를 넣고 섞는다.

조합
1 A(장미 모양 초콜릿 셸)에 30℃의 B(패션프루트와 홍차 필링)를 4g씩 넣고 굳힌다.
2 1 위에 30℃의 C(패션프루트와 살구 필링)를 6g씩 넣어 냉장고에서 하룻밤 동안
  굳힌다.
3 템퍼링한 다크초콜릿으로 몰드를 채우고 윗면을 평평하게 정리한다.
4 완전히 굳힌 뒤 몰드에서 뺀다.

BONBON AU CHOCOLAT
à la Framboise

라즈베리 봉봉 쇼콜라

Quantity 21개 분량

A 하트 초콜릿 셸
빨간색 초콜릿용 색소 적당량
다크초콜릿 적당량

-

B 라즈베리와 장미
생크림 56g
트리몰린 11g
바닐라 빈 ¼개
라즈베리 초콜릿 75g
ㄴ 발로나 인스피레이션 라즈베리
버터 14g
장미 리큐어 3g

-

C 로셰 쇼콜라
라즈베리 초콜릿 25g
ㄴ 발로나 인스피레이션 라즈베리
푀양틴 15g
구운 아몬드 분태 10g
동결 건조 딸기 1g

-

조합
다크초콜릿 500g

A 하트 초콜릿 셸
1 가로 3.5cm, 세로 3cm 크기의 하트 모양 초콜릿 몰드에 에어 스프레이로 30℃의 빨간색 초콜릿용 색소를 분사한 뒤 굳힌다.
   tip. 색소를 30℃로 조절해 분사하면 광택이 좋아진다.
2 템퍼링한 다크초콜릿을 붓고 쏟아 낸 다음 굳혀 셸을 만든다.

B 라즈베리와 장미
1 냄비에 생크림, 트리몰린, 바닐라 빈의 씨를 넣고 80℃까지 데운다.
2 중탕으로 녹인 라즈베리 초콜릿에 넣어 유화시킨 뒤 35℃까지 식힌다.
3 부드러운 버터를 넣고 섞는다.
4 장미 리큐어를 넣고 섞는다.

C 로셰 쇼콜라
1 라즈베리 초콜릿을 40℃로 녹인 뒤 35℃까지 식힌다.
2 푀양틴, 구운 아몬드 분태, 동결 건조 딸기를 넣는다.
3 결정화를 일으키기 위해 굳을 때까지 젓는다.

조합
1 A(하트 초콜릿 셸)에 B(라즈베리와 장미)를 6g씩 넣는다.
2 C(로셰 쇼콜라)를 2g씩 넣고 굳힌다.
3 템퍼링한 다크초콜릿으로 몰드를 채우고 윗면을 평평하게 정리한다.
4 완전히 굳힌 뒤 몰드에서 뺀다.

BONBON AU CHOCOLAT
de café

모카 봉봉 쇼콜라

생크림 75g
트리몰린 7g
다크초콜릿A 125g
브랜디 15g
커피 농축액 4g
다크 트러플 셸(시판용) 30개
다크초콜릿B 256g
화이트초콜릿 적당량
식용 금박 적당량

1 냄비에 생크림과 트리몰린을 넣고 끓인다.
2 중탕으로 녹인 다크초콜릿A에 넣어 유화시킨 뒤 40℃ 이하로 식힌다.
3 브랜디와 커피 농축액을 넣고 섞는다.
   tip. 커피 농축액 대신 원두를 우려 향을 내도 좋다.
4 다크 트러플 셸에 90%씩 넣고 굳힌다.
5 템퍼링한 다크초콜릿B를 채우고 윗면을 평평하게 정리한 뒤 굳힌다.
6 남은 템퍼링한 다크초콜릿B를 5에 씌워 코팅한다.
7 템퍼링한 화이트초콜릿을 코르네에 넣어 윗면에 얇게 모양내 짠 다음 식용 금박을
   올린다.

BONBON AU CHOCOLAT
de thé vert

말차 봉봉 쇼콜라

화이트초콜릿A 138g
카카오버터 15g
말차파우더A 3g
생크림 69g
물엿 5g
우유 31g
버터 23g
화이트 트러플 셸(시판용) 35개
화이트초콜릿B 500g
말차파우더B 20g
데코스노우 70g

1 볼에 화이트초콜릿A를 넣어 45℃ 이하로 녹이고 다른 볼에 카카오버터를 넣어 50℃
   이하로 녹인 뒤 함께 섞는다.
2 체 친 말차파우더A를 넣고 거품기로 섞는다.
3 냄비에 생크림, 물엿, 우유를 넣고 가열한 뒤 2에 넣어 유화시킨다.
4 부드러운 버터를 넣고 핸드블렌더로 섞은 뒤 30℃까지 온도를 낮춘다.
5 화이트 트러플 셸에 90%까지 넣고 굳힌다.
6 템퍼링한 화이트초콜릿B를 채워 윗면을 평평하게 정리하고 굳힌다.
7 남은 템퍼링한 화이트초콜릿B를 손바닥에 덜고 트러플 셸을 올려 겉면에 묻힌다.
8 볼에 함께 체 친 말차파우더B와 데코스노우를 담은 뒤 7을 넣고 굴려 묻힌다.
   tip. 초콜릿이 굳으면 파우더가 잘 묻지 않기 때문에 굳기 전에 빠르게 굴려 묻힌다.

BONBON AU CHOCOLAT
de Yuzu

유자 봉봉 쇼콜라

Quantity 35개 분량

다크초콜릿A 50g
밀크초콜릿 100g
생크림 75g
유자청 50g
버터 5g
다크 트러플 셸(시판용) 35개
다크초콜릿B 1000g

1 다크초콜릿A와 밀크초콜릿을 중탕으로 함께 녹인다.
2 함께 데운 생크림과 유자청을 넣고 거품기로 섞는다.
   tip. 유자청은 잘게 다져서 사용해야 먹기 편하다.
3 부드러운 버터를 넣고 섞은 뒤 30℃까지 온도를 낮춘다.
4 다크 트러플 셸에 90%까지 넣고 굳힌다.
5 템퍼링한 다크초콜릿B를 채워 윗면을 평평하게 정리하고 굳힌다.
6 남은 템퍼링한 다크초콜릿B를 손바닥에 덜고 트러플 셸을 올려 겉면에 묻힌다.
7 반 정도 굳으면 석쇠 그물망에 올리고 가로세로로 굴려 뾰족한 모양을 만든다.
8 OPP 필름에 올려 굳힌다.

Baking point.

❶ 초콜릿 몰드를 사용해 만들 경우에는 몰드를 사용하기 전에 부드러운 천 등으로 닦아야
   초콜릿의 광택이 더 좋아진다.
❷ 초콜릿 전용 그물망이 없는 경우에는 울퉁불퉁한 망이라면 다 사용 가능하다.
   고기를 굽는 석쇠 역시 그물이 얇아 초콜릿의 뾰족한 모양을 촘촘하게 낼 수 있다.

카
네
이
션
케
이
크

GÂTEAU
aux oeillets

어버이날 또는 스승의 날처럼 특별한 날 소중한 사람에게 선물하기 좋은
카네이션 케이크이다. 치즈케이크 위에 마스카르포네 치즈를 사용한
치즈 무스를 조합해 두 가지 타입의 치즈 케이크를 한번에 맛볼 수 있다.

04

Quantity
지름 18㎝ 원형 케이크 1개 분량

GÂTEAU
aux oeillets

🔥 파트 아 제누아즈 ▶1   🍥 파트 아 봉브 ▶5
🍥 크렘 샹티이 ▶1

A 제누아즈
달걀 180g
설탕 90g
박력분 90g
버터 25g
바닐라 오일 5방울
-

B 치즈 필링
크림치즈 270g
설탕 90g
박력분 10g
노른자 40g
흰자 5g
생크림 80g
-

C 치즈 무스
물 27g
설탕 50g
노른자 42g
젤라틴 4.2g
쿠앵트로 4g
마스카르포네 치즈 130g
생크림 150g

A 제누아즈 🔥 ▶1

1 볼에 달걀과 설탕을 넣고 섞은 뒤 중탕으로 체온 정도까지 데운다.
2 뤼방상태가 될 때까지 휘핑한다.
3 체 친 박력분을 넣고 고르게 섞는다.
4 60℃로 녹인 버터에 바닐라 오일과 반죽의 일부를 넣고 섞은 다음 다시 남은 반죽에 넣어 고르게 섞는다.
5 유산지를 깐 지름 18㎝ 원형 케이크 틀에 붓는다.
6 윗불과 아랫불 모두 175℃로 예열한 데크 오븐에서 24분 정도 굽는다.
7 틀에서 빼 충분히 식히고 1㎝ 두께로 슬라이스 한다.

B 치즈 필링

1 부드럽게 푼 크림치즈에 설탕을 넣고 섞는다.
2 체 친 박력분, 노른자, 흰자, 생크림을 차례대로 넣어 가며 섞는다.
3 지름 18㎝, 높이 4.5㎝ 원형 무스 틀의 아래쪽을 알루미늄 포일로 감싸고 틀 안쪽 벽면에 버터(분량 외)를 바른다.
4 A(제누아즈) 1장을 넣고 그 위에 반죽을 틀 높이의 반 정도까지 붓는다.
5 윗불 160℃, 아랫불 150℃ 데크 오븐에서 40분 정도 구운 다음 틀째 식힌다.
   tip. 중심부를 살짝 눌러 보았을 때 가볍게 탄력이 느껴지는 정도로 굽는다.

C 치즈 무스 🍥 ▶5

1 냄비에 물과 설탕을 넣고 끓여 시럽을 만든다.
2 노른자에 시럽을 흘려 넣으며 휘핑해 파트 아 봉브를 만든다.
3 볼에 얼음물에 불려 물기를 제거한 젤라틴과 쿠앵트로를 넣고 중탕으로 녹인 뒤 2에 넣어 섞는다.
4 부드럽게 푼 마스카르포네 치즈에 넣고 섞는다.
5 70%까지 휘핑한 생크림을 넣고 섞는다.
6 B(치즈 필링) 위에 부어 채운 뒤 윗면을 평평하게 정리해 냉동고에서 굳힌다.

D 샹티이 크림
　마스카르포네 치즈 50g
　생크림 200g
　설탕 20g

　–

E 초콜릿 프릴 장식
　화이트초콜릿 200g
　식용유 40~60g
　분홍색 초콜릿용 색소 적당량

　–

조합
　진주펄 초콜릿 적당량

D 샹티이 크림 🔊▶1

1 마스카르포네 치즈에 생크림을 조금씩 넣으며 부드럽게 푼 다음 설탕을 넣고 휘핑한다.

E 초콜릿 프릴 장식

1 볼에 모든 재료를 넣고 중탕으로 녹인다.
　tip. 식용유를 여름에는 초콜릿 중량의 20%, 겨울에는 30%로 조절해 사용한다.
2 대리석 작업대 위에 1을 부은 뒤 팔레트 나이프로 얇게 펼친다.
3 살짝 굳으면 초콜릿용 스크레이퍼로 긁어 프릴 모양을 만든다.

조합

1 틀에서 뺀 C(치즈 무스)의 겉면을 D(샹티이 크림)로 아이싱한다.
2 윗면에 E(초콜릿 프릴 장식)를 방사형으로 꽂아 돔 형태로 만든다.
　tip. 남은 샹티이 크림을 프릴 장식 사이사이에 짜 고정시키면 돔 모양을 만들기 수월하다.
3 군데군데 진주펄 초콜릿을 올려 장식한다.

Baking point. 초콜릿에 식용유를 넣으면 융점에 변화가 생겨 다루기가 쉬워진다.
대신 실내 온도에 변화가 큰 여름과 겨울에는 식용유의 양을 조절해야 한다.

265

STOLLEN 슈톨렌

독일의 크리스마스 빵인 슈톨렌을 얇은 파운드케이크 틀에 구워
모양에 변화를 주고 반죽에 중종을 넣어 한층 더 부드러운 식감으로 만들었다.

05

Quantity
19.5×4.5×4.5㎝ 파운드케이크 6개 분량

STOLLEN

A 중종
　우유 90g
　생이스트 30g
　강력분 100g
　–

B 과일 절임
　체리(병조림) 35g
　오렌지 필 25g
　레몬 필 25g
　아몬드 100g
　럼 레이즌 300g
　–

C 본반죽
　마지팬 100g
　카소나드 50g
　소금 5g
　물엿 25g
　시나몬파우더 1.5g
　넛메그파우더 1.5g
　버터 200g
　노른자 50g
　강력분 400g

A 중종
1 미지근한 우유에 생이스트를 넣고 잘 푼다.
2 강력분을 넣고 손으로 섞어 25℃의 반죽을 만든다.
3 온도 30℃, 습도 75% 발효실에서 40분 정도 발효시킨다.

B 과일 절임
1 병조림 속 체리를 체에 걸러 시럽을 뺀다.
2 오렌지 필, 레몬 필, 아몬드, 1을 굵게 다진다.
3 볼에 모든 재료를 넣고 섞는다.
　tip. 럼 레이즌은 건포도를 끓는 물에 데친 뒤 럼(분량 외)을 넣고 버무려 한 달 동안
　숙성시키고 300g을 계량해 사용한다.

C 본반죽
1 믹서볼에 작게 자른 마지팬, 카소나드, 소금, 물엿을 넣고 믹싱한다.
2 시나몬파우더와 넛메그파우더를 넣고 믹싱한다.
3 실온의 버터를 나누어 넣으며 믹싱해 부드러운 상태로 만든다.
4 노른자를 나누어 넣으며 믹싱해 크림 상태로 만든다.
5 A(중종)와 강력분을 넣고 저속으로 5분, 중속으로 5분 동안 믹싱한다.
6 반죽의 240~250g 정도를 따로 덜어 두고 남은 반죽에 B(과일 절임)를 넣어 저속으로
　믹싱해 25℃의 반죽을 만든다.
7 실온에서 30분 정도 발효시킨다.
8 과일 절임을 넣은 반죽을 약 205g, 넣지 않은 반죽을 약 40g으로 6개씩 분할한다.
　tip. 벤치 타임은 따로 갖지 않는다.
9 205g의 반죽을 막대 모양으로 만든다.
10 40g의 반죽을 9의 크기에 맞추어 얇게 밀어 편 뒤 감싼다.
11 버터(분량 외)칠을 한 19.5×4.5×4.5㎝ 파운드케이크 틀에 넣고 온도 30℃, 습도
　75% 발효실에서 30분 동안 2차 발효시킨다.
12 윗불 190℃, 아랫불 160℃ 데크 오븐에서 30분 정도 굽는다.

조합

버터 450g
설탕 500g
슈거파우더 적당량

조합

1 버터를 녹인 뒤 틀에서 빼 한 김 식힌 C(본반죽)를 담갔다 뺀다.
2 겉면에 설탕을 묻힌 뒤 식힌다.
3 슈거파우더를 묻힌 뒤 랩으로 감싸 서늘한 곳에서 1주일 동안 숙성시킨다.

Baking point.

❶ 럼 레이즌은 한 달 이상 절인 것을 사용해야 깊은 맛을 느낄 수 있으며 오랜 시간이 지나도 맛있게 즐길 수 있다.
❷ 생이스트가 없다면 생이스트의 40%를 드라이 이스트로 대체하여 사용할 수 있다.
❸ 가느다란 형태로 만들었기 때문에 오래 구우면 수분이 쉽게 날아갈 수 있어 주의해야 한다.
❹ 파운드 틀이 없다면 일반적인 슈톨렌 모양으로 성형해도 괜찮다.

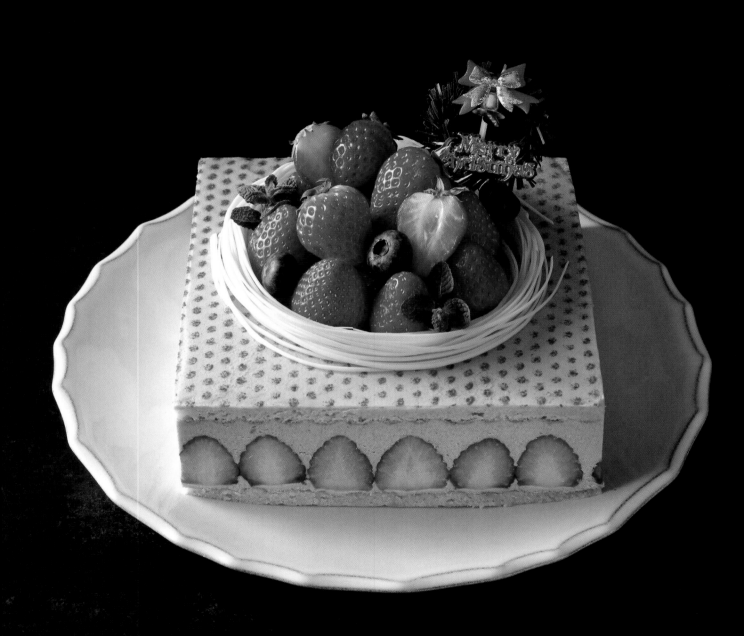

FRAISIER
de Noël

프레지에

파티시에 크림과 피스타치오 버터크림의 녹진한 맛이
딸기의 상큼함과 어우러져 남녀노소 누구나 좋아할 만한 케이크이다.
윗면에 듬뿍 올린 딸기의 붉은색이 크리스마스 분위기를 물씬 자아낸다.

06

Quantity
18cm 정사각형 케이크 1개 분량

FRAISIER
de Noël

🍶 크렘 파티시에르 ▶2

A 미제라블 비스퀴

흰자 180g
설탕 90g
슈거파우더 100g
아몬드파우더 130g
박력분 25g
–

B 파티시에 크림

우유 240g
바닐라 빈 ¼개
노른자 60g
설탕 72g
박력분 20g
–

C 피스타치오 프레지에 크림

마지팬 240g
버터 216g
B(파티시에 크림) 264g
피스타치오 페이스트 30g
키르슈 20g

A 미제라블 비스퀴

1 볼에 흰자를 넣고 설탕을 나누어 넣으며 휘핑해 머랭을 만든다.
2 함께 체 친 슈거파우더, 아몬드파우더, 박력분을 넣고 섞는다.
3 지름 8㎜ 원형 깍지를 낀 짤주머니에 담아 실리콘 매트를 깐 43×34㎝ 크기의 베이킹팬에 짠다.
4 윗불 180℃, 아랫불 170℃ 데크 오븐에서 18~20분 동안 구운 뒤 식힌다.
5 18㎝ 정사각형으로 2장 자른다.

B 파티시에 크림 🍶▶2

1 냄비에 우유와 바닐라 빈의 씨를 넣고 데운다.
2 볼에 노른자와 설탕을 넣고 섞은 뒤 체 친 박력분을 넣어 섞는다.
3 1을 조금씩 나누어 넣으며 섞은 뒤 다시 냄비에 옮겨 저으면서 가열해 파티시에 크림을 만든다.
4 볼 또는 트레이에 옮겨 담고 랩을 밀착시켜 냉장고에서 식힌다.

C 피스타치오 프레지에 크림

1 볼에 마지팬과 부드러운 버터를 넣고 섞는다.
2 부드럽게 푼 B(파티시에 크림)를 넣고 섞는다.
3 피스타치오 페이스트를 넣고 섞는다.
4 키르슈를 넣고 섞은 뒤 윗면에 바를 100g을 계량해 따로 덜어 두고 나머지를 짤주머니에 담는다.

조합

딸기 30개
다크초콜릿 적당량
카카오버터 적당량
나파주 60g
화이트초콜릿 장식물
블루베리 적당량
애플민트 적당량

조합

1 18㎝ 정사각형 무스 틀에 A(미제라블 비스퀴) 1장을 넣는다.

2 C(피스타치오 프레지에 크림)를 얇게 한 겹 짠다.

3 반으로 자른 딸기의 단면을 틀 옆면에 줄지어 붙이고 자르지 않은 딸기로 안쪽을
   빈틈없이 채운다.

4 딸기 사이사이에 남은 C(피스타치오 프레지에 크림)를 짠 다음 윗면을 평평하게
   정리한다.

5 남은 A(미제라블 비스퀴) 1장을 뒤집어 올린다.

6 따로 덜어둔 100g의 C(피스타치오 프레지에 크림)를 윗면에 얇게 펴 바른 뒤
   냉장고에서 굳힌다.

7 틀에서 뺀 다음 윗면에 타공팬을 올린 뒤 함께 녹인 다크초콜릿과 카카오버터를
   피스톨레에 넣고 분사해 무늬를 낸다.
   tip. 다크초콜릿과 카카오버터는 1:1 비율로 사용한다.

8 나파주를 바르고 화이트초콜릿 장식물, 딸기, 블루베리, 애플민트를 올려 장식한다.
   tip. 화이트초콜릿 장식물은 템퍼링한 화이트초콜릿을 코르네에 담아 냉동고에 보관했던
   차가운 베이킹팬 위에 짠 뒤 구부려 원형으로 만든다.

Baking point. 피스타치오 프레지에 크림을 만들 때 버터와 파티시에 크림의 온도를 20℃정도로 맞춘 뒤
섞어야 잘 섞인다. 두 가지 크림의 온도차가 크면 분리되어 이질감이 느껴질 수 있다.

크리스마스 트리

SAPIN
de Noël

초콜릿을 듬뿍 넣어 진한 초콜릿 맛을 느낄 수 있는 케이크이다.
가나슈 및 곳곳의 구성 요소에 딸기, 산딸기 등의 재료를 첨가해 강한 초콜릿
맛을 한결 부드럽게 만들었다. 삼각형 트리 모양은 또 다른 재미를 선사한다.

07

Quantity
너비 8.5㎝, 폭 3㎝ 삼각형 케이크 8개 분량

A 자허 비스퀴

마지팬 130g
노른자 95g
달걀 40g
흰자 125g
설탕 60g
박력분 55g
코코아파우더 25g
버터 40g

B 앙비바주 시럽

산딸기 퓌레 30g
18보메 시럽 70g
산딸기 리큐어 10g
-

C 가나슈

생크림 150g
딸기 퓌레 70g
산딸기 퓌레 70g
트리몰린 40g
트레할로스 50g
다크초콜릿 220g
밀크초콜릿 50g

A 자허 비스퀴

1 볼에 마지팬을 넣고 노른자와 달걀을 조금씩 나누어 넣으며 부드럽게 푼 다음 뽀얗게 될 때까지 휘핑한다.
2 다른 볼에 흰자를 넣고 설탕을 나누어 넣으며 휘핑해 머랭을 만든다.
3 1에 2를 2번에 나누어 넣고 섞는다.
4 함께 체 친 박력분과 코코아파우더를 넣고 섞는다.
5 녹인 버터를 넣고 섞는다.
6 유산지를 간 43×34㎝ 크기의 베이킹팬에 부어 펼치고 윗불과 아랫불 모두 200℃로 예열한 데크 오븐에서 8분 정도 구운 뒤 식힌다.
7 8㎝ 폭으로 4장, 8.5㎝ 폭으로 1장을 자른다.

B 앙비바주 시럽

1 모든 재료를 함께 섞는다.

C 가나슈

1 냄비에 생크림, 퓌레 2종, 트리몰린, 트레할로스를 넣고 끓기 직전까지 데운다.
2 함께 녹인 다크초콜릿과 밀크초콜릿에 1을 넣어 유화시킨 뒤 펴 바를 수 있는 정도가 될 때까지 냉장고에서 굳힌다.

조합

다크초콜릿 적당량
카카오버터 적당량
샹티이 크림 적당량
동결 건조 딸기 적당량
식용 금박 적당량

조합

1 8cm 폭으로 자른 A(자허 비스퀴) 1장에 B(앙비바주 시럽)를 바르고 C(가나슈) 100g을
   올려 펴 바른 뒤 다시 8cm 폭으로 자른 A(자허 비스퀴) 1장을 올린다.

2 1의 과정을 반복해 8cm 폭으로 자른 비스퀴를 모두 쌓아 올린 뒤 냉장고에서 굳힌다.

3 비스듬하게 사선으로 반을 자른 다음 긴 면에 C(가나슈)를 바르고 자른 두 조각의
   케이크를 붙여 이등변삼각형 모양으로 만든다.

4 8.5cm 폭으로 자른 A(자허 비스퀴) 위에 C(가나슈)를 바르고 3을 올려 붙인다.

5 모양을 다듬은 다음 남은 C(가나슈)로 겉면에 뾰족한 모양을 내 바르고 냉동고에서
   굳힌다.

6 다크초콜릿과 카카오버터를 함께 녹인 뒤 피스톨레에 넣고 5의 겉면에 분사한다.
   tip. 다크초콜릿과 카카오버터는 1:1의 비율로 사용한다.

7 양 끝을 반듯하게 잘라 다듬고 3cm 폭으로 8등분한다.

8 상투 모양깍지를 끼운 짤주머니에 샹티이 크림을 넣어 7의 윗면에 짠 뒤 동결 건조
   딸기와 식용 금박으로 장식한다.

Baking point.

❶ 가나슈를 확실하게 유화시켜야 바르기 쉬운 농도가 유지된다.

❷ 비스퀴와 가나슈를 층층이 쌓아 만든 뒤 냉장고에서 충분히 굳혀야 반듯하게 자를 수 있고
   다음 작업도 수월해진다.

❸ 피스톨레로 녹인 초콜릿을 분사하기 전에 냉동고에서 충분히 굳혀야 뾰족한 모양으로
   바른 가나슈 모양 그대로 완성할 수 있다.

GUIRLANDE
de Noël

크리스마스 리스

산딸기, 피스타치오, 화이트초콜릿 세 가지 재료의 맛이
서로 잘 어우러지는 케이크이다. 겉면을 빨간색 초콜릿으로 코팅한
링 모양 케이크가 크리스마스 리스를 연상케 한다.

08

Quantity
지름 21㎝ 링 모양 무스케이크 2개 분량

🍰 비스퀴 조콩드 ▶ 3   🥄 크렘 앙글레즈 ▶ 4

A 피스타치오 비스퀴 조콩드
    아몬드파우더 30g
    피스타치오파우더 30g
    슈거파우더 60g
    노른자 32g
    달걀 52g
    흰자 93g
    설탕 40g
    건조 흰자 1g
    박력분 50g

B 산딸기 즐레
    산딸기 퓌레 60g
    딸기 퓌레 75g
    레몬즙 9g
    설탕 23g
    젤라틴 3g
    산딸기 리큐어 8g
    -

C 피스타치오 크림
    노른자 33g
    설탕 13g
    생크림A 81g
    우유 81g
    바닐라 페이스트 적당량
    젤라틴 5.3g
    화이트초콜릿 100g
    피스타치오 페이스트 67g
    생크림B 147g
    -

D 화이트초콜릿 무스
    노른자 72g
    설탕 36g
    생크림A 81g
    우유 243g
    젤라틴 12g
    화이트초콜릿 380g
    생크림B 400g
    그랑마르니에 18g

A 피스타치오 비스퀴 조콩드 🍰 ▶3
1 볼에 함께 체 친 아몬드파우더, 피스타치오파우더, 슈거파우더와 노른자, 달걀을 넣고 섞어 중탕으로 35℃까지 데운 다음 휘핑한다.
  tip. 휘핑을 지나치게 많이 하면 피스타치오파우더에서 기름이 배어 나올 수 있어 주의한다.
2 다른 볼에 흰자를 넣은 다음 함께 섞은 설탕과 건조 흰자를 나누어 넣으며 휘핑해 머랭을 만든다.
3 1에 머랭을 2번에 나누어 넣고 가볍게 섞는다.
4 체 친 박력분을 넣고 섞은 다음 지름 21cm 엔젤 케이크 틀 2개에 나누어 붓는다.
  tip. 틀 안쪽에 버터(분량 외)를 얇게 바르고 강력분(분량 외)을 체 쳐 뿌린 뒤 털어 내고 사용한다.
5 윗불과 아랫불 모두 175℃로 예열한 데크 오븐에서 12분 정도 굽는다.
6 틀에서 빼 식힌 뒤 5mm 두께로 슬라이스하고 가장 넓은 면적의 비스퀴를 사용한다.

B 산딸기 즐레
1 냄비에 산딸기 퓌레, 딸기 퓌레, 레몬즙, 설탕을 넣고 끓인다.
2 얼음물에 불려 물기를 제거한 젤라틴과 산딸기 리큐어를 넣고 섞는다.
3 지름 21cm 엔젤 케이크 틀 2개에 나누어 부은 뒤 냉동고에서 굳힌다.

C 피스타치오 크림 🥄▶4
1 볼에 노른자와 설탕을 넣고 섞는다.
2 냄비에 생크림A, 우유, 바닐라 페이스트를 넣고 데운 뒤 1에 넣으며 섞는다.
3 다시 냄비에 옮긴 다음 저으면서 가열해 앙글레즈 크림을 만든다.
4 얼음물에 불려 물기를 제거한 젤라틴을 넣고 녹인 뒤 체에 거른다.
5 40℃로 녹인 화이트초콜릿에 피스타치오 페이스트와 4를 넣고 섞는다.
6 핸드블렌더로 섞은 다음 70%까지 휘핑한 생크림B를 넣고 섞는다.
7 B(산딸기 즐레) 위에 반씩 나누어 넣고 냉동고에서 굳힌다.

D 화이트초콜릿 무스 🥄▶4
1 볼에 노른자와 설탕을 넣고 섞는다.
2 냄비에 생크림A와 우유를 넣고 데운 뒤 1에 넣으며 섞는다.
3 다시 냄비에 옮긴 다음 저으면서 가열해 앙글레즈 크림을 만든다.
4 얼음물에 불려 물기를 제거한 젤라틴을 넣고 녹인 뒤 체에 거른다.
5 녹인 화이트초콜릿에 4를 넣고 섞은 다음 약간 되직해지는 30℃까지 식힌다.
6 다른 볼에 생크림B와 그랑마르니에를 넣고 70%까지 휘핑한 뒤 5에 넣어 섞는다.

조합

화이트초콜릿 300g
카카오버터 300g
빨간색 초콜릿용 색소 소량
생크림 250g
마스카르포네 치즈 50g
설탕 21g
딸기 적당량
샤인머스캣 적당량
블루베리 적당량
나파주 적당량
타임 적당량

Baking point.

조합

1 지름 21㎝ 엔젤 케이크 틀에 D(화이트초콜릿 무스)를 절반 정도까지 넣는다.
2 틀에서 뺀 C(피스타치오 크림)를 중앙에 살짝 눌러 넣는다.
3 남은 D(화이트초콜릿 무스)를 90~95%까지 넣은 뒤 A(피스타치오 비스퀴 조콩드)를 올리고 윗면을 평평하게 정리해 냉동고에서 굳힌다.
4 함께 녹인 화이트초콜릿과 카카오버터에 빨간색 초콜릿용 색소를 섞어 색을 낸 뒤 피스톨레에 넣고 몰드에서 뺀 3의 겉면에 분사한다.
5 생크림, 마스카르포네 치즈, 설탕을 휘핑해 샹티이 크림을 만든 뒤 4의 윗면에 짠다.
6 딸기, 샤인머스캣, 블루베리를 올리고 나파주를 바른 뒤 타임으로 장식한다.

❶ 링 모양이기 때문에 굳히는 시간 및 해동 시간을 단축시킬 수 있다.
❷ 틀에서 제품을 뺄 때 틀 겉면을 살짝 데운 다음 포크로 찔러 빼내면 쉽게 분리할 수 있다. 단, 냉동고에서 충분히 단단하게 굳히지 않으면 틀에서 빼낼 때 깨지거나 녹을 수 있어 주의한다.

크리스마스 캐럴

09

CHANT
de Noël

부쉬 드 노엘을 변형한 크리스마스 케이크이다.
롤케이크의 길이를 조금씩 다르게 만들어 입체감을 주었다.
크리스마스에 독일에서 즐겨 먹는 레브쿠헨 쿠키와
브라우니까지 더해 다양한 맛을 즐길 수 있다.

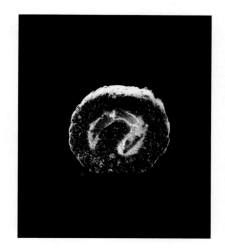

Quantity
지름 18㎝ 원형 케이크 1개 분량

A 초콜릿 비스퀴
노른자 72g
설탕A 36g
흰자 108g
설탕B 72g
박력분 72g
코코아파우더 18g
슈거파우더 적당량
다크초콜릿 적당량

–

B 브라우니
다크초콜릿 60g
버터 50g
노른자 20g
설탕A 12g
흰자 30g
설탕B 20g
박력분 25g
호두 분태 30g

–

C 레브쿠헨
꿀 50g
설탕 30g
노른자 44g
베이킹소다 1.4g
우유 10g
박력분 90g
강력분 90g
시나몬파우더 2g
달걀물 적당량
슈거파우더 적당량
흰자 적당량
레몬즙 적당량

A 초콜릿 비스퀴

1 볼에 노른자와 설탕A를 넣고 섞는다.
2 믹서볼에 흰자를 넣고 설탕B를 나누어 넣으며 휘핑해 단단한 머랭을 만든다.
3 1에 머랭 ⅓을 넣고 가볍게 섞은 다음 함께 체 친 박력분과 코코아파우더를 넣고 섞는다.
4 남은 머랭을 넣고 섞은 뒤 지름 5㎜ 원형 깍지를 낀 짤주머니에 담는다.
5 유산지를 깐 43×34㎝ 크기의 베이킹팬에 가로로 길게 짜 채운다.
6 슈거파우더와 잘게 썬 다크초콜릿을 골고루 뿌린 뒤 윗불과 아랫불 모두 180~190℃로 예열한 데크 오븐에서 12분 정도 굽고 식힌다.

B 브라우니

1 볼에 다크초콜릿과 버터를 넣고 중탕으로 녹인다.
2 다른 볼에 노른자와 설탕A를 넣고 뽀얗게 될 때까지 휘핑한 뒤 1을 넣어 섞는다.
3 흰자에 설탕B를 여러 번 나누어 넣으며 휘핑해 머랭을 만든 뒤 2에 넣고 섞는다.
4 체 친 박력분을 넣고 섞은 뒤 호두 분태를 넣어 섞는다.
5 유산지를 깐 지름 18㎝ 원형 무스 틀에 넣고 윗불과 아랫불 모두 170℃로 예열한 데크 오븐에서 25분 정도 구운 뒤 틀째 식힌다.

C 레브쿠헨

1 냄비에 꿀과 설탕을 넣고 약불로 60~70℃까지 데워 녹인 뒤 체온 정도까지 식힌다.
2 볼에 노른자와 1을 넣고 섞는다.
3 다른 볼에 베이킹소다와 우유를 넣고 섞는다.
4 2에 3을 넣고 섞은 뒤 함께 체 친 박력분, 강력분, 시나몬파우더를 넣고 섞는다.
    tip. 반죽을 너무 많이 섞지 않도록 주의한다.
5 랩으로 감싸 실온에서 하루 동안(24시간) 휴지시킨다.
    tip. 시간이 없다면 2시간 동안 휴지시킨 뒤 사용해도 된다.
6 작업대에 덧가루(분량 외, 강력분)를 뿌려 가며 3㎜ 두께로 밀어 편다.
7 종이로 도안을 만들어 반죽 위에 놓고 반죽을 모양내 자른다.
    tip. 집 모양의 경우 3×10㎝ 직사각형 2개, 4×10㎝ 이등변삼각형 2개, 지름 8㎝ 원형 1개를 만들어 사용한다.
8 베이킹팬에 놓고 달걀물을 바른 뒤 윗불과 아랫불 모두 170℃로 예열한 데크 오븐에서 15분 정도 구운 다음 식힌다.
9 슈거파우더, 흰자, 레몬즙을 섞어 글라스 로얄을 만든 뒤 8을 이어 붙여 집 모양을 만든다.
10 글라스 로얄로 진주펄 초콜릿(분량 외), 파스티야주(분량 외), 머랭(분량 외) 등을 붙여 장식한다.

D 푀양틴 트리

푀양틴 적당량
다크초콜릿 적당량
글라스 로얄 적당량

–

E 샹티이 크림

마스카르포네 치즈 50g
설탕 14g
생크림 150g

–

조합

딸기 적당량
글라스 로얄 적당량
다크초콜릿 장식물 적당량
데코스노우 적당량

D 푀양틴 트리

1 푀양틴과 동량의 녹인 다크초콜릿을 섞어 크기가 조금씩 다르게 5 덩이를 뭉친 뒤 굳힌다.
2 크기가 큰 순서부터 글라스 로얄로 접착시키며 겹쳐 올려 트리 모양을 만든다.

E 샹티이 크림 🖐▶1

1 마스카르포네 치즈에 설탕을 넣어 부드럽게 푼 뒤 생크림을 넣고 휘핑한다.

조합

1 A(초콜릿 비스퀴)에 깨끗한 유산지를 올려 뒤집고 기존에 사용한 유산지를 제거한다.
2 E(샹티이 크림) ⅔를 올려 펴 바른다.
3 얇게 슬라이스한 딸기를 올리고 그 위에 남은 E(샹티이 크림)를 올려 딸기를 덮듯이 펴 바른다.
4 롤 모양으로 돌돌 만 다음 냉장고에서 1시간 정도 굳힌다.
5 크기가 다른 4조각으로 자른다.
6 글라스 로얄을 사용해 틀과 유산지를 제거한 B(브라우니) 위에 5를 세워 붙인다.
7 글라스 로얄로 6 위에 C(레브쿠헨)와 D(푀양틴 트리)를 붙인다.
8 꼭지를 제거한 딸기, 다크초콜릿 장식물 등을 붙인 뒤 데코스노우를 뿌린다.

Baking point.

❶ 브라우니를 롤케이크 등을 올릴 바닥으로 사용하기 때문에 호두는 반죽 속에 넣어 윗면이 평평하도록 굽는다.
❷ 코코아 함량이 높은 초콜릿 비스퀴는 쉽게 묽어지기 때문에 빠르게 작업해야 한다.

● NAKAMURA ACADEMY

마무리하며

2009년 나카무라 아카데미 개교 이래 지금까지 비앤씨월드에서 발행하는 〈월간 파티시에〉에 수많은 레시피를 게재했습니다. 개교 당시 아직 인지도가 낮았던 나카무라 아카데미를 한국에 알리고 일본의 양과자를 소개하는 뜻 깊은 작업이었습니다. 지금은 많은 나카무라 아카데미 졸업생들이 업계에서 활약하고 있는 것을 〈월간 파티시에〉를 통해 확인할 수 있어 교육자로서 매우 기쁩니다.

매달 잡지에 실을 레시피를 개발할 때는 기본적인 제과 레시피에 한국에서 나는 재료를 어떻게 더해야 더 맛있는 제품을 만들 수 있을지 고민했습니다. 한국에서는 다양한 재료를 풍부하게 구하기가 어려워 일본 양과자의 섬세한 맛을 내기 위해 많은 고민과 시행착오를 겪어야 했습니다. 하지만 정성을 들인 제품이 상상하던 그대로 완성되면 과자를 만드는 보람과 즐거움을 몇 배로 느낄 수 있지요.

이번에 레시피북을 새로 엮으며 지금까지 게재한 많은 레시피 중에서 70여 가지를 엄선해 내용을 보완하고 정리했습니다. 이 책이 앞으로 한국에서 제과를 배우려는 분들에게 도움이 되었으면 좋겠습니다.

책 제작에 도움을 주신 비앤씨월드에 감사의 말씀을 드리며 앞으로도 일본 과자의 매력을 알리고 한국 제과업계와 함께 발전할 수 있도록 나카무라 아카데미의 일원으로서 최선을 다해 노력하겠습니다. 고맙습니다.

· 오야마 히토미(大山ひとみ)

나카무라 아카데미 개교 15주년을 맞아 『사계절 양과자』가 출간되어 매우 기쁩니다. 책이 나올 무렵에 저는 일본으로 귀국하여 본교에서 수업을 하고 있겠지요. 저는 2019년 부임하여 어느새 5년이라는 시간을 서울에서 보내고 있습니다. 의욕에 가득 찬 학생들의 멋진 아이디어에 감탄하고 졸업생들의 끊임없는 노력에 감동하며 매일 과자만을 생각하는 충실하고 행복한 시간이었습니다.

이 책의 레시피는 그 동안 잡지에 게재했던 것으로, 한국에서 맛볼 수 있는 일본의 양과자입니다. 그동안 제가 윈도베이커리, 호텔, 레스토랑 등에서 일했던 경험을 살려 만든 것들입니다. 휴일을 반납하며 없는 시간을 쪼갤 때는 힘들었지만 완성된 제품과 멋진 사진을 보니 지금까지의 시간이 열매를 맺게 된 것 같아 아주 기쁩니다.

출판 의뢰를 받고 난 후에는 국경을 넘어 전 세계인이 행복해지길 바라는 마음으로 이 레시피들을 보다 맛있게, 한층 더 업그레이드 시켰습니다. 여러분들도 꼭 직접 만들어 보시길 바랍니다. 과자에 담긴 뜨거운 제 마음이 전해지겠지요. 이번 출판 작업에 도움을 주신 비앤씨월드와 어시스턴트 및 모든 분들께 감사드리며, 마지막으로 이 책이 제과에 뜻을 둔 모든 분에게 도움이 되길 바랍니다.

· 오가와 미츠노부(小川光信)

나카무라 아카데미는 개교 이래 지금까지 일본의 조리, 제과, 제빵을 가르치는 교육기관으로서 한국에서 교육 활동을 이어 나가고 있습니다. 이는 한국의 많은 분들이 요리에 대한 배움의 열정을 가지고, 나카무라 아카데미의 교육 방침을 이해하며 협조해 주신 덕분이라고 생각합니다. 먼저 이에 대해 감사의 말씀을 드리고 싶습니다. 정말 고맙습니다.

이번 책은 나카무라 아카데미의 제과 기본 기술과 지식을 토대로 만들어진 레시피입니다. 그러나 단순히 레시피를 모아 둔 책이 아니라 과자로 계절을 표현해 사계절을 모두 즐길 수 있도록 구성하였죠. 저희의 정성이 가득 담긴 제품들이 여러분에게 조금이나마 도움이 되었으면 좋겠습니다. 감사합니다.

· 야마키 켄타로(山木健太郎)

나카무라 아카데미의 『사계절 양과자』가 출간되어 매우 기쁩니다. 나카무라 아카데미에서 근무한 4년은 아주 귀중한 시간이었습니다. 학생들이 열심히 공부하는 모습이나 빠르게 성장하는 모습을 보고 자극을 받아 저도 초심으로 돌아갈 수 있었습니다. 게다가 따뜻한 한국의 정에 큰 감동을 받아 지금은 한국을 제 2의 고향이라고 생각하고 있습니다.

이 책은 다양한 마음과 여러 가지 추억이 담겨 있는 책입니다. 이 책에 실린 맛있는 레시피가 여러분에게 웃음을 선사할 수 있으면 좋겠습니다.

· 이나도미 테이지(稲富禎次)

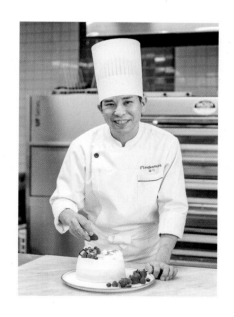

『사계절 양과자』가 출간되어 매우 기쁩니다. 이번에 책에서 소개한 레시피가 나카무라 아카데미와 관련된 분들 뿐만 아니라 많은 제과인들에게 조금이나마 도움이 되었으면 좋겠습니다. 더불어 책을 만드는 데 힘쓰신 많은 분께 감사의 말씀을 드립니다.

같은 레시피를 사용해도 만드는 사람의 기술은 물론 마음가짐에 따라 맛은 달라집니다. 이것이 제과의 어려운 부분이자 재미있는 부분입니다. 저는 존경하는 대선배님들처럼 '상냥한 맛이 나는 과자'를 만드는 것이 목표랍니다.

이 책은 출발점에 불과합니다. 단지 이 레시피들을 그대로 따라 만드는 것이 아니라 여러분만의 생각을 담아 만들어 보면 어떨까요? 같은 제품을 만들더라도 더 발전할 수 있을 것입니다. 열정적인 자세와 노력, 거기에 따뜻한 마음까지 담긴 멋진 제품들이 많이 만들어지리라 기대하고 있습니다.

· 타니카와 류이치로(谷川竜一朗)

· 임다혜 조교

· 홍난희 조교

· 이다희 조교

나카무라 교육 그룹

나카무라 조리제과전문학교, 나카무라 국제호텔전문학교, 나카무라 가쿠엔대학, 나카무라 가쿠엔 여자 중·고등학교, 나카무라 가쿠엔 산요 중·고등학교 등 여러 학교로 이루어진 교육 그룹이며 그룹 사업으로 레스토랑, 병원 급식, 사원 식당 등을 230곳 이상 운영하고 있다. 1949년 창립해 70년 이상의 오랜 역사와 전통이 있으며 특히 조리, 식품, 영양 분야의 교육 및 연구에서 일본 최고의 교육 기관이라는 평을 받고 있다.

나카무라 아카데미 Nakamura Academy

일본의 나카무라 교육 그룹 중 가장 오래된 역사와 전통을 자랑하는 나카무라 조리제과전문학교의 서울 분교로 본교와 동일한 수준의 조리 설비 환경을 갖추고 있다. 또한 일본에서 파견되어 상주하는 일본인 본교 교수진이 70년 이상의 역사와 전통을 가진 교육 커리큘럼으로 기초부터 체계적으로 강의하고 있다.

주요 연혁
1949년 창립자 나카무라 하루에 의해 개교, 요리 학교 시작
1959년 일본 최초의 조리사 학교 중 하나로서 조리사 전문 교육 시작
1995년 제과 전문 교육 시작
2009년 한국 서울에 분교 나카무라아카데미 개교
2014년 제빵 전문 교육 시작

교육 이념 및 방침
정통 일본 요리와 제과, 제빵 분야의 기술 및 이론 교육
기초, 기본을 중시한 실습 중심의 수업
요리를 대하는 자세와 관점 등을 소개하여 한국과 일본의 식(食)문화 교류에 기여를 목표로 함

개설과목
일본요리 전문 코스 (초급, 상급)
제과 전문 코스 (초급, 상급)
제빵 전문 코스

[참고문헌]

• 개정신판 제과위생사교본, 전국제과위생사양성시설협회(改訂新版 製菓衛生師教本, 全国製菓衛生師養成施設協会)
• 양과자 용어 사전, 시라미즈사(洋菓子用語辞典, 白水社)
• 신 양과자 사전, 시라미즈사(新 洋菓子辞典, 白水社)
• 양과자 교본, 일본과자교육센터(洋菓子教本, 日本菓子教育センター)
• 제과위생사전서, 일본과자교육센터(製菓衛生師全書, 日本菓子教育センター)
• 양과자 개정판, 일본과자전문학교(洋菓子 改訂版, 日本菓子専門学校)
• 프랑스 과자 947 제과법, 모리스 컴퍼니(フランス菓子947製菓法, モーリスカンパニー)

나카무라 아카데미의
FOUR SEASONS
Desserts

저 자 ㅣ 나카무라 아카데미
발행인 ㅣ 장상원
편집인 ㅣ 이명원
집필책임자 ㅣ 나카무라 테츠(中村哲)
집필진 ㅣ 오야마 히토미(大山ひとみ)
　　　　 오가와 미츠노부(小川光信)
　　　　 야마키 켄타로(山木健太郎)
　　　　 이나도미 테이지(稲富禎次)
　　　　 타니카와 류이치로(谷川竜一朗)

초판 1쇄 ㅣ 2024년 10월 10일

발행처 ㅣ (주)비앤씨월드 출판등록 1994.1.21 제 16-818호
주 소 ㅣ 서울특별시 강남구 선릉로 132길 3-6 서원빌딩 3층
전 화 ㅣ (02)547-5233   팩 스 ㅣ (02)549-5235
홈페이지 ㅣ http://bncworld.co.kr
블로그 ㅣ http://blog.naver.com/bncbookcafe
인스타그램 ㅣ @bncworld_books
진 행 ㅣ 홍서진, 김지연   사 진 ㅣ 이재희   디자인 ㅣ 박갑경
ISBN 979-11-86519-84-4 13590